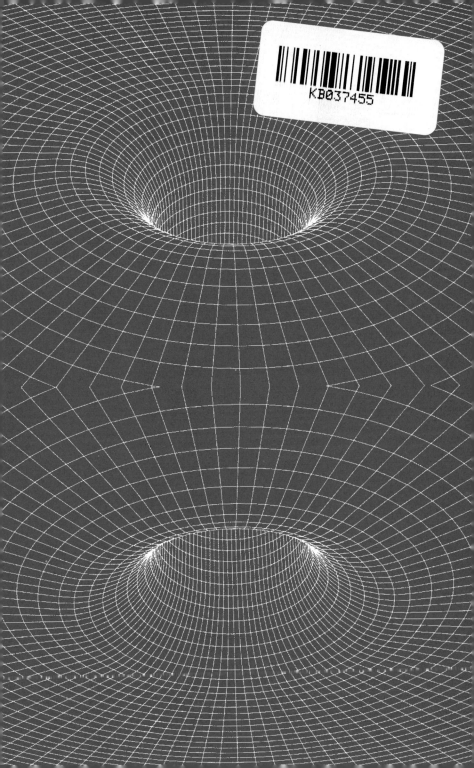

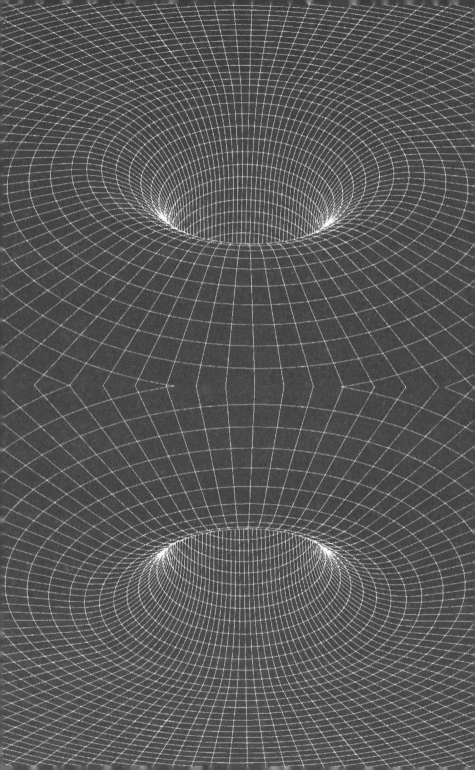

올 댓 중력:
아인슈타인의 중력과 그 너머의 세상

주력

쫌 아는
10대

과학
좀 아는
십 대
07

올 댓 중력:
아인슈타인의 중력과 그 너머의 세상

중력
좀아는
10대

초판 1쇄 발행 2020년 2월 17일
초판 4쇄 발행 2024년 6월 21일

지은이 오정근
그린이 방상호
펴낸이 홍석
이사 홍성우
인문편집부장 박월
편집 박주혜·조준태
디자인 방상호
마케팅 이송희·김민경
제작 홍보람
관리 최우리·정원경·조영행

펴낸곳 도서출판 풀빛
등록 1979년 3월 6일 제2021-000055호
주소 07547 서울특별시 강서구 양천로 583 우림블루나인 A동 21층 2110호
전화 02-363-5995(영업), 02-364-0844(편집)
팩스 070-4275-0445
홈페이지 www.pulbit.co.kr
전자우편 inmun@pulbit.co.kr

ISBN 979-11-6172-736-3 44440
ISBN 979-11-6172-727-1 44080 (세트)

이 책의 국립중앙도서관 출판시도서목록(CIP)은 서지정보유통지원시스템
홈페이지(seoji.nl.go.kr)와 국가자료공동목록시스템(www.nl.go.kr/kolisnet)에서
이용하실 수 있습니다.(CIP제어번호 : CIP2020001413)

중력

쫌 아는
10대

오정근 글
방상호 그림

올 댓 중력:
아인슈타인의 중력과 그 너머의 세상

풀빛

1장

힘과 운동의 법칙 뉴턴에 의해 정립된 힘과 물체의 운동에 관한 세 가지 경험 법칙. 관성의 법칙, 가속도의 법칙, 작용-반작용의 법칙이 있다.

만유인력의 법칙 질량을 가진 물체 사이에 작용하는 끌어당김에 관한 법칙.

민코프스키의 시공간 한 개의 시간과 세 개의 공간이 통합된 수학적 공간을 의미한다.

일반상대성이론 질량을 가진 물체의 운동을 휘어진 시공간에서의 운동으로 보아 중력을 설명한 이론.

2장

중력렌즈 은하나 은하 주변을 지나는 별의 강한 중력이 렌즈처럼 작동하여 멀리 떨어져 있는 천체에서 나오는 빛이 휘어지고 확대된 것처럼 보이는 현상.

세차운동 회전운동을 하는 물체의 주변에 있는 외력으로 인해 회전운동뿐 아니라 회전 축 자체도 함께 도는 현상을 말한다.

케플러의 법칙 태양 주위를 공전하는 행성에 대한 운동법칙으로 타원궤도의 법칙, 면적 속도 일정의 법칙, 조화의 법칙이 있다.

3장

벡터 크기와 방향을 가진 수학적인 양을 뜻한다.

비유클리드 기하학 '직선 밖의 한 점을 지나면서 그 직선과 평행한 직선은 오로지 하나뿐'이라는 유클리드 기하학의 공리가 성립하지 않는 기하학 체계를 가리킨다.

4장

텐서 좌표 변환에 대해서 특정한 규칙(텐서 변환)으로 변환되는 수학적인 양.

등가원리 운동을 통해 생긴 관성력과 중력은 구분할 수 없다는 원리로, 실제 가속되는 계에서는 받는 가속과 중력을 구분하지 못한다는 의미이다.

아인슈타인 장 방정식 아인슈타인의 일반상대성이론에서 제안된 방정식. 물질에 의해 기하의 왜곡 구조가 발현되며 그로 인해 물질이 겪는 중력의 본질이 기하의 왜곡으로 생겨남을 표현했다.

5장

블랙홀 무거운 별이 에너지를 다 소진하고 나면 별 자체의 중력을 이기지 못하고 수축하여 한 점으로 붕괴하면서 만들어지는 고중력의 천체.

사건의 지평선 블랙홀이 만들어지면서 생성되는 시공간의 내부와 외부가 서로에게 영향을 주지 못하기 시작하는 경계면이다. 사건의 지평선에서는 빛도 빠져나오지 못하고 갇히게 된다.

백색왜성 태양 정도의 질량을 가진 별은 핵의 최종 연소 이후 중력에 의해 수축한다. 이때 극도로 압축된 환경에서 전자들의 축퇴압에 의해 중력을 버티게 되는데, 이렇게 수축을 멈추고 평형 상태가 되는 별의 최종 산물을 일컫는다. 질량이 태양 질량의 약 1.4배를 넘을 수 없다는 찬드라세카르의 한계가 존재한다.

중성자별 백색왜성보다 무거운 한계 질량을 가진 별들이 맞이하는, 별의 진화 단계에서의 최종 산물. 무거운 별들은 전자가 양성자로 포획되어 중성자를 형성할 정도로 강한 중력에 의해 수축하지만 중성자들의 축퇴압으로 버티게 된다. 이렇게 형성된 산물은 거의 대부분의 물질이 중성자로 구성된 고밀도별인 중성자별이 된다.

초신성 밤하늘에 보이지 않던 별이 갑자기 수일에서 수개월간 극도로 밝게 빛나는 현상. 중성자별이 생성되는 핵붕괴 과정에서 별 바깥에 있는 가스를 날려 버리거나, 백색왜성이 동반성으로부터 받아들인 에너지로 인한 열폭주 과정을 거치면서 일어난다.

커 블랙홀 로이 커가 발견한 회전하는 블랙홀의 진공해. 회전하지 않는 슈바르츠실트 해와 달리 내부와 외부에 사건의 지평선과 고리 모양의 특이점을 가지고 있다. 커 블랙홀에서는 틀 끌림 현상을 일으키는 작용권이라는 영역이 존재한다.

펜로즈 과정 커 블랙홀에서 에너지를 추출해 내는 과정을 의미하며 이론적으로는 블랙홀의 에너지를 약 29퍼센트까지 추출해 낼 수 있다고 한다.

호킹 복사 블랙홀 주변에서 수없이 생성되는 양자 상태의 쌍입자들이 블랙홀 바깥으로 방출될 수도 있다며, 블랙홀은 빛을 비롯한 모든 것을 흡수만 하는 것이 아니라 방출하는 것도 있기에 검기만 한 것은 아니라는 이론이다.

8장

중력파 일반상대성이론이 예측한 중력의 변화가 전달되는 파동으로서 2016년 레이저 간섭계 중력파 관측소 라이고(LIGO)가 그 실체를 확인하는 데 성공했다.

라이고 중력파를 검출하기 위해서 미국에 건설된 중력파 망원경. 레이저 간섭 효과를 이용하여 중력파에 의해 변화된 시공간의 길이 변화를 측정하여 중력파의 존재를 확인하는 장치이다.

다중신호 천문학 가시광선을 포함하여 빛(전자기파)을 이용한 관측이 일반적이던 기존의 천문학과 다르게 중성미자, 중력파 같은 다른 신호를 동반 관측하여 천체를 연구하는 학문. 2017년 8월 17일 중력파와 전자기파가 동시에 중성자별 충돌 현상을 관측했다.

9장

샤피로의 시간 지연 중력이 강한 곳에서 빛이 이동하며 겪는 시간 지연 효과로, 빛이 기존의 경로가 아닌 시공간의 왜곡에 의해 원래보다 길어진 경로를 이동하며 생기는 현상.

중력 적색편이 중력이 강한 곳을 빛이 지나면서 겪는 일종의 도플러 현상으로 빛의 파장이 길어지면서 스펙트럼이 붉은색으로 이동하게 된다.

우주검열가설 우주가 다른 시공간의 사건과 특이점을 분리하기 위해 검열을 통해서 특이점을 사건의 지평선 안에 가두어 둔다는 가설이다.

10장

우주 가속팽창 멀리 있는 초신성일수록 멀어지는 속도가 빨라지는 걸 관측하면서 우주가 가속팽창한다고 보는 이론. 우주가 가속팽창한다는 것은 지금까지의 우주론을 뒤엎는 이론으로, 우리가 알지 못하는 미지의 물질과 에너지가 우주 대부분을 차지한다는 결론에 이르렀다.

끈이론 물질은 점이 아니라 1차원의 끈으로 이루어져 있다는 가설로부터 출발한 물리학 이론. 세상의 모든 입자가 이 끈의 진동 형태와 장력 등에 따라 정해진다고 믿는다.

중력을 이기는 식빵고양이

혹시 **머피의 법칙**이라는 말을 들어 본 적 있니? 왠지 모르게 하려는 일이 자꾸 꼬이 거나 내 바람과는 다르게 나쁜 방향으로만 일이 진행되는 것 같을 때 쓰는 말이야. 예를 들면 늦잠을 자서 밥도 못 먹고 학교에 가는데 잘 오던 엘리 베이터나 버스가 그날따라 유난히 늦게 오는 것 같거나, 패스 트푸드 가게에 가서 줄을 섰는데 내가 선 줄만 다른 줄에 비해 늦게 줄어드는 것 같을 때 쓰는 말이지. 또 식빵에 잼을 발라 먹으려다 실수로 빵을 떨어뜨렸을 때, 이상할 정도로 자주 식 빵의 깨끗한 면 대신 잼이 묻은 면이 바닥에 떨어져 빵이나 바 닥이나 모두 엉망이 되는 경험을 했을 때도 '머피의 법칙이 작 용하는구나!'라는 생각을 하게 돼. 물론 여기에는 좋은 일에 비 해 안 좋은 일이 좀 더 잘 기억된다는 심리적인 이유나 여기서 일일이 설명하기에는 여백이 부족할 만큼 과학적인 근거가 있 는 경우도 있지. 하지만 대개는 이렇게 우리에게 친숙하고 있 음직한 일들을 모아 놓은 게 바로 머피의 법칙이야. 그런데 오 래전부터 인터넷에 떠돌던 과학 유머 중에 이 머피의 법칙을 적용한 이야기가 있어. 물론 과학적 사실과는 거리가 멀지만 핵심을 잘 짚어 낸 그럴듯한 유머야. 누군가 과학 활동 보고서 형식으로 쓴 이야기인데, 제목은 '식빵과 고양이를 이용한 부상열차의 개발'이야. 그냥 부상열차도 어려운데 그걸 식빵이랑 고양이를 이용해서 구현하다니, 놀라운 발상이지? 내용은 이래.

제목 식빵과 고양이를 이용한 부상열차의 개발

관찰1 고양이를 높은 곳에서 떨어뜨리면 고양이 발이 바닥에 먼저 닿는다.

관찰2 식빵에 잼을 발라 높은 곳에서 떨어뜨리면 잼이 발라진 면부터 땅에 떨어진다.

가설 식빵의 잼이 발라진 면과 고양이 발은 항상 땅에 먼저 닿는다.

개발 고양이 등에 식빵을 매달고 그 위에 잼을 바른다.

[개발 완료]

테스트 이제 식빵을 매단 고양이를 높은 곳에서 떨어뜨리면 가설에 따라 지면 위 10센티미터 부근에서 멈춘 상태로 회전하며 떠 있게 된다. 이를 부상열차에 적용한다.

얼토당토않은 이야기라고? 물론 그렇지! 그런데 다음에 나오

0-1 식빵과 고양이를 이용한 부상열차의 구현. 고양이가 발과 잼이 발라진 면이 먼저 땅에 닿는다는 속성 때문에 이 식빵고양이는 공중에 회전하면서 계속 떠 있을 거야. 물론 고양이는 어지러워서 죽을 맛일 거고 회전이 지속되면 잼은 원심력 때문에 떨어져 나갈지도 모르지만 그 결과가 어떻든 발상 하나만큼은 정말 기발하지 않니?

는 그림처럼 식빵을 고양이 등에 매달고 식빵 윗부분에 잼을 발라 놓으면 땅에 먼저 닿아야 할 고양이 발과 잼을 발라 놓은 식빵면은 동시에 땅에 닿을 수 없으니 무한히 회전하면서 공중에떠 있게 된다는 발상 자체는 기발하지 않니? 사실 이 싱거운 농담 안에는 놀랍게도 아주 중요한 내용이 담겨 있어. 그건 어떤물체가 공중에 떠 있기 위해서는 **중력**을 이길 수 있는 무엇인가가 있어야 한다는 사실이야.

중력. 우리가 보지는 못했지만 너무나 어렸을 때부터 익숙하게 들어 왔던 중력. 넌 중력을 뭐라고 생각하니? 사과나무 아래에서 사과가 떨어진 걸 보고 '왜 사과가 떨어지는 걸까' 하며 고민하는 위대한 뉴턴이 떠오르지는 않니? 그래, 적어도 지금까지 우리는 중력이란 **물체를 아래로 떨어지게 만드는 힘**이라고단순하게 생각해 왔어.(아니라고? 와, 평소에 과학에 관심이 많은가보구나! 그렇다면 넌 이미 이 책의 중간쯤에 와 있는 거야. 그래, 이미 알고 있는 이야기일 수도 있겠지만 이왕 한 번 더 복습한다고 생각하고 천천히 읽어 나가 보자.)

우리가 뭔가를 깊이 생각하려고 할 때 하는 일 중 하나가 그단어의 한자 뜻을 알아보는 거잖아. 이왕 중력에 대해 알아보기 위해 이 책을 손에 들었을 테니 이번에도 한자 힌트를 써 보자. 중력은 한자로 '무게 중(重)'과 '힘 력(力)'을 써서 표현해. '무게가 있는 물질 사이에 이루어지는 힘'이라는 뜻이지. 그런데 사실 이 한자어에는 뉴턴이 사과나무를 보고 떠올렸던 개념인 '아래로 떨어진다'는 의미가 담겨 있지 않아. 그러니 우리는 '무게'와 '힘'이라는 두 개념을 중심으로 중력에 대한 정의를 내리는 것을 처음부터 다시 시작해 봐야 할 거야. 그럼에도 불구하고 여전히 뉴턴의 사과가 머릿속에 맴도는 사람을 위해 이 한자어를 가져와 본다면, (무게가 가벼운) 사과와 (무게가 무거운) 지구 사이에 힘이 작용하고, (무게가 가벼운) 사과가 (무게가 무거운) 지구 쪽으로 힘이 쏠려서 사과가 아래에 있는 지구로 떨어지는 거라고 생각해 볼 수 있어. 그런 차원에서는 '물체를 아래로 떨어지게 만드는 힘'이라는 지금까지의 상식이 아예 틀린 것은 아닌 것도 같아. 다만 아래로 떨어지게 만드는 힘이라는 결과를 만들어 낸 과정(무게가 있는 물질 사이에 작용하는 힘)이 실은 중력의 진짜 모습이라고나 할까.

그런데 여기에 우리가 흔하게 경험하는 것과 실제 과학적 사실에는 차이가 있어. '아래'라는 것은 대체 무엇일까? 땅이 아래에 있으니까 아래=지구라고 말할 수도 있지만 실제로는 그런 개념은 아니야. 우리에겐 물체가 아래로 떨어지는 게 익숙한데, 여기서 말하는 아래란 우리가 서 있을 때 몸의 아랫부분인 발 쪽을 가리킬 때 쓰는 말이지. 그런데 둥근 지구에서 물체가 아래로 떨어진다는 것은 곧, 고도가 높은 곳에서 낮은 곳인

지표면으로 물체가 이동한다는 것을 의미하고 결국은 지구 중심을 향한다고 생각할 수 있지. 즉, 생각을 조금만 확장하면 **'아래'라는 표현의 정확한 개념은 지구 중심**을 의미한다는 것을 알 수 있어. 실제로 중력이 우주 전체에 걸쳐서 작용하는 힘이라고 생각하면 우주에는 위아래라는 개념이 있을 수 없다는 것을 금방 알아챌 수 있잖아. 가장 단순한 질문을 떠올릴 수 있는데, 만약 어떤 물체에 중력이 작용하는데 지표를 뚫고 지구 중심까지 파고들어 간다면 그 물체는 지구 중심인 핵까지 들어가게 될 거야. 그게 중력이라는 힘의 핵심이지.

사실 우리 주변에 무게가 없는 것은 거의 찾을 수 없어. 광고 문구 중에도 "깃털보다 가벼운 ○○"라는 표현이 있던데 단지 너무 가벼워서 우리가 느끼지 못할 뿐 깃털이라도 아주 약간이지만 무게가 다 있다는 말이지. 그래서 주변의 모든 것이 중력의 영향 아래에 있다고 할 수 있는 거야. 자, 이왕 우리는 과학을 알기 위해 만났으니 좀 더 과학적으로 표현을 해 보자. 사실 **무게**는 물리학에서 **질량**이라고 말하는 것과 혼동하는 표현이야. 똑똑한 너희들이니 당연히 알고 있겠지만 질량은 물체가 가진 고유한 양으로 흔히 '킬로그램(kg)', '그램(g)'과 같은 단위로 표현하고 있어. '고유한 양'이란, 역시나 알고 있겠지만, 어느 곳에서나 변하지 않는 양이야. 무게는 달라질 수 있지만 질량은 지구에서도 달에서도 우주 어디에서도 똑같다는 뜻이지.*

이런 질량을 가지고 중력을 정확히 표현해 보면, **질량을 가진 물체 사이에 작용하는 힘**이라고 할 수 있겠지. 이제 중력을 이해하기 위한 첫 단추가 끼워진 셈이야. '물체가 질량을 가지고 있다'는 사실이 중력이 작용하는 가장 큰 이유인 거지.

자, 그럼 이제 두 번째 단추를 끼워 볼까. 혹시 지금 손에 뭐가 있니? 연필? 지우개? 그게 어떤 것이든 책상 위에 놓여 있는 그 사물을 손으로 들어 올린 거야. 연필이나 지우개를 드는데 무슨 힘이 들었냐고? 그럼 아령을 든다고 가정해 보자. 요즘에는 몸 만드는 게 10대 사이에서도 유행이라고 하니, 오늘 아침 헬스장에서 아령을 들어 올리는 운동을 한 친구도 있을 거야. 아령을 평생 한 번도 들어 보지 않은 친구라도 그걸 들려면 진짜 힘이 들 것 같은 상상은 되지? 이렇게 우리가 어떤 물체를 들어 올리는 행위는 물리적으로 매우 큰일을 했다고 할 수 있어. 왜냐하면 질량을 가진 어떤 물체가 지구가 당기는 힘(중력)을 이기지 못해서 바닥에 딱 붙어 있었는데, 우리가 그걸 들어 올린다는 것은 중력이 작용하는 방향과 정반대로 중력의 크기만 한 힘을 물체에 가했다는 의미이니까 말이지. 어쩌면 지구

무게는 이 질량에 중력의 값을 곱한 것으로 통상 지구 위에서는 지구의 중력가속도($9.8m/s^2$)를 곱한 값으로 정해져. 화성에 가면 화성의 중력가속도, 목성에 가면 목성의 중력가속도에 의해 무게가 정해진다는 의미야.

입장에서는 자존심이 상할 수도 있을 것 같아. 자기의 힘을 거역하는 더 큰 힘이 존재한다는 걸 인정해야 하니까.

이왕 자존심을 상하게 한 거 이번엔 좀 더 공격적으로 생각해 볼까? 먼저 물체를 공중에 띄워 보자. 그냥 잠시 들었다가 다시 놓는 것이 아니라, 일정한 시간 동안 공중에 둥둥 뜨게 힘을 쓰는 거지. 종이비행기도 우리가 힘껏 공중에 날리면 최소 몇 초는 뱅뱅 돌다가 바닥에 떨어지는데, 그 몇 초라도 종이비행기가 날 수 있도록 우리는 최대한 힘껏 팔의 힘을 쓰잖아. 그런데 실제 비행기는 어떨까? 최신예 비행기를 타고도 인천공항에서 독일 프랑크푸르트공항까지 가려면 최소한 10시간은 비행해야 해. 그 10시간 동안 비행기는 중력에 반대되는 힘을 동력 삼아 하늘에 떠 있는 거지. 갑자기 비행기가 대단하게 느껴지지 않니? 세계에서 가장 큰 비행기인 AN-225는 화물을 가득 채우면 무게가 600톤이 넘는데, 이 비행기가 비행한다는 것은 지구 중심으로 향하는 중력을 이기도록 만드는 힘이 비행기에 작용하고 있다는 의미인 거야.

중력은 항상 지구 중심 방향으로 작용하고, 이것이 우리가 지구 밖으로 튕겨 나가지 않는 이유야. 그리고 중력을 이기기 위해서는, 말하자면 한동안 떠 있거나 바닥에 붙어 있지 않고 위로 올라가려면 중력과 평형이 되거나 중력보다 더 큰 힘이 필요해. 아까 중력은 질량을 가진 물체 사이에 작용하는 힘이라고 했는데, 거기서 왜 **'질량을 가진'**이라는 조건이 중요하냐면 중력은 물체의 질량이 크면 중력도 커지고 질량이 작으면 중력도 작아지기 때문이야. 말하자면 무거운 물체가 중력을 이기기 위해서는 가벼운 물체보다 훨씬 큰 힘이 필요하다는 뜻인데 종이비행기보다는 진짜 비행기가, 비행기보다는 로켓이 더 큰 힘을 필요로 한다는 거지. 보통은 질량이 크면 클수록 중력을 이기는 힘도 많이 들지만, 지구의 중력을 벗어나기 위해서는 이보다 훨씬 더 큰 힘이 필요해. 그 로켓이 아무리 작은 것이라도 말이야. 로켓을 발사시켜서 지구의 중력을 이기고 지구 밖으로 보내기 위해서는 로켓 연료를 연소시키고 거기서 폭발하는 엄청난 에너지가 추진력이 돼 주어야 하거든.*

이제 두 번째 단추가 무언지 알았니? 첫 번째 단추는 중력이 질량을 가진 물체와 물체 사이에 작용하는 힘이라는 사실이었고, 그 힘은 질량이 크면 커지고 질량이 작으면 작아진다는 것이 두 번째 단추야.

그런데 말이야, 갑자기 이런 의문이 들지 않니? 아니, 내가 왜 이 단추를 끼우고 있어야 하지? 지금 수학 숙제하기도 바빠 죽겠는데. 중력이 교문을 닫아 줘서 내가 학교에 안 가는 것도 아니고 몰라도 이렇게 살고, 알아도 이렇게 사는 건 똑같은 거 아냐? 내일 교문이 닫혔으면, 아니 학교가 갑자기 하늘로 솟거나 땅으로 꺼져서 없어졌으면….

여기서 궁금증이 하나 생길 것 같은데? 그래, 호기심이 많은 너희라면 당연히 생각했을 건데, 대체 비행기를 공중에 띄우는 힘이 뭐냐는 거지? 어떤 물체 주변으로 공기와 같은 유체가 흐르면 이 흐름의 수직 방향으로 물체에 양력(lift)이 발생해. 우리가 비행기를 가속하는 것은 추력을 발생시킨다는 의미이고, 물체의 모양에 따라 추력이 커지면서 이 양력도 커지게 하는 모양을 찾을 수 있는데, 그 하나

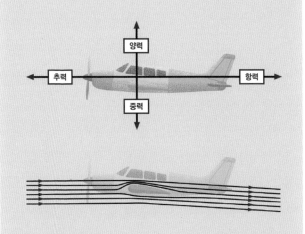

0-2 비행기의 비행 원리와 날개가 받는 힘의 평형 구조. 엔진을 가동해 추력이 생긴 비행기가 앞으로 나아갈 때 비행기가 받는 힘의 모습들이야. 이렇게 자주 볼 수 있고 익숙한 일이라도 알고 보면 수많은 힘이 작용하고 있다는 것을 확인할 수 있지?

가 바로 날개 모양의 형상이야. 이런 날개 모양 형상에서는 유체가 흐르는 방향의 (저)항력에 비해 큰 양력이 발생하기 때문에 공중에 떠오르게 되는 거야. 단 중력을 이기는 정도의 큰 양력이 있어야 가능하지. 제트기가 이륙에 필요한 속도는 기종에 따라 다르지만 대개 시속 260~300킬로미터라고 하니 시속 300킬로미터로 달릴 수 있는 스포츠카들은 실제로 날개만 달면 공중에 뜰 수 있다고 말하는 것과 같아. 그런데 스포츠카한테 양력이 발생하면 오히려 자동차 경주에 방해가 되니 양력을 최소화하도록 설계를 하는 것이고.

안타깝지만 중력이 교문까지 달아 주진 않아. 컴퓨터든 책상이든 자동차든, 중력은 대상이 무엇이든 너무도 일정하게 작용하기 때문에 다른 것은 가만히 놔둔 채 학교만 '갑자기' 땅속으로 꺼지게 하는 것도, 아니면 공중분해 시키는 것도 불가능해. 하지만 학교에 가지 않기 위해서라면 최소한 '나'는 땅속으로 꺼질 수도, 비행기를 타고 하늘로 날아오를 수는 있겠지. 필요하다면 개인체험학습신청서 같은 걸 내고서라도 말이야. 물론 이때 땅속으로 내려가는 데 필요한 엘리베이터나 하늘로 날아오르는 데 필요한 비행기의 방향은 각각 아래와 위로 다를지 몰라. 하지만 둘 다 힘의 평형 원리를 이해하고 그걸 역으로 이용해서 탄생한 현대 문명의 발명품이라는 공통점이 있지.

지금까지 우리는 짧은 글 속에서 너무도 쉽게 첫 번째 단추와 두 번째 단추를 끼웠는데, 사실 그 단추는 현대물리학이라는 옷을 입기 위한 단추였어. 그리고 그 이전에는 고전물리학이라는 옷을 입기 위해 얼마나 많은 사람이 얼마나 많은 단추를 여미고 닫고 또 버리고 새 단추를 만들어 끼웠는지 몰라. 뉴턴이라는 고전물리학의 마지막 단추를 여미면서 사람들은 이제 새 옷으로 갈아입어야 한다는 걸 알게 되었지. 그때까지 입어 온 옷은 넓어지는 인류 지성의 지평을 담기에는 너무 작고 몸에 꽉 끼었으니까. 고전이 현대로 전환해 간 시점에 아인슈타인이 있었고, 우리의 단추는 바로 그 아인슈타인의 중력에 대한 새로운 정의와 다르지 않아.

지금 이 책은 현대물리학이라는, 인류가 새로 갈아입기 시작한 옷의 단추를 하나하나 여미는 과정을 돌아보기 위한 것이야. 그것을 여미기 위해 고전물리학의 마지막 단추부터 시작할 거야. '왜' 그 단추를 채우고서 새로운 옷을 갈아입게 되었는지를 알아야 앞으로 우리가 여밀 단추들의 순서와 방향을 제대로 알게 될 테니까 말이야.

약간의 스포일러를 말하자면, 사실 이 책의 마지막 단추는 너

희들 손에 있어. 무슨 말이냐고? 그 마지막 단추는 아직 '미정'
이라는 뜻이야. 무엇이 마지막인지조차 모른다는 뜻이기도 하
고. 지금의 현대물리학은 고전물리학이 그랬던 것처럼 또 다
른 물리학의 옷을 갈아입기 위한 발판일 뿐이야. 왜냐고? 완성
되지 않았으니까. 새로운 문명의 세계를 열기 위한 연구는 계
속되고 있고 이제 그 연구에 박차를 가할 주역은 너희들이라는
것을 미리 말하고 싶어. 너희들이 해야 할 일을 알려 주기 위해
지금까지의 연구를 정리하려는 시도가 이 책《중력 쫌 아는 10
대》야. 이 책을 읽고 나서 네가 어떤 단추를 어디에 달아 옷을
완성시킬지 내 가슴이 다 설렌단다.

한 가지 중요한 점은 현대의 과학기술 덕분에 인류는 끊임없
이 자연을 탐구하고 그 원리를 밝혀서 우리의 삶을 편리하게 바
꾸어 오고 있다는 것이지. 우리가 비행기를 타고 세계를 누빌
수 있고, 인공위성을 쏘아 올려서 지구를 관측하고, 우주 망원
경을 이용해 우주의 탄생과 미래를 예측하는 이 모든 일이 중력
이라는 힘에 대한 과감한 도전이자 모험에서 비롯되었다는 것
을 우리는 알 필요가 있어. 이런 일련의 연구와 실행과 현실에
의 반영을 통해 지금 우리는 생활의 편리를 누리고 있지.

그다음의 단계는 무엇일까? 더 알고 싶은 우주의 세계, 타임
머신을 타고 과거로 미래로 여행하려는 욕망…, 이 모든 인류
의 열망은 중력을 얼마나 더 깊이 제대로 파악하고 이해하는가

에 달려 있어. 미래가 달라질 수 있다는 것이지. 어쩌면 너희들 손에 내 미래가 달려 있겠구나. 그럼 지금부터 문제의 중력에 대해 같이 알아보고 생각해 보자.

1장

뉴턴의 밧줄과
아인슈타인의 그물망

뉴턴이 말하는 힘과 운동

힘이란 무엇일까? 우리가 흔히 쓰는 '힘이 든다', '힘이 미친다'라는 말에서 유추해 보면 힘은 적어도 두 개 이상의 물체 간의 관계에서 이루어지는 어떤 작용임을 알 수 있어. 예를 들어, 책상 위에 놓인 유리컵을 바닥에 떨어뜨리기 위해서는 실수든 고의든 손으로 컵을 밀쳐 내는 행위가 있어야 해. 우리의 손이 접촉이라는 방식을 통해서 컵에 힘을 가하고 그 작용으로 컵이 바닥에 떨어져 깨지게 되는 거지. 이렇게 손과 컵은 접촉에 의해서 힘을 주고받은 거야.

이처럼 힘을 주고받은 결과로 관찰되는 현상은 운동의 변화인데 **운동이란 물체가 시간에 따라서 상태가 변하는 것**을 말해. 그 상태의 변화라는 게 거리가 변하는 것일 수도 있고, 거리는 일정하지만 움직임의 방향이 변하는 것일 수도 있지. 즉, 방금 위에서 언급한 것처럼 책상에 놓여 있던 유리컵이 바닥에 떨어지는 운동이 발생한 거지. 자, 그럼 비슷한 예를 들어 보자. 버스를 타고 학교에 가는데 자리가 없어서 서서 가고 있었어. 그런데 갑자기 버스가 급정거를 하는 바람에 몸이 앞으로 쏠리면서 넘어질 뻔한 경험을 한 번씩은 해 봤을 거야. 이때 우리는 가만히 서 있는데 누군가가 우리에게 앞으로 확 잡아채는 것 같은 힘을 가한 것으로 느끼게 되겠지? 그때 우리는 우리에게 힘이 가해졌다고 판단을 내릴 수 있는 거야. 이렇게 운동의 변화를 가져오는 것이 힘이며, 그 힘과 운동의 관계를 **세 개의 힘과 운동에 관한 법칙**으로 공식화하고 정리한 사람이 바로 아이작 뉴턴 경(Sir Issac Newton, 1642~1727)이야. 뉴턴의 운동법칙으로 알려진 이 관계는 다음과 같아.

> **제1법칙(관성)** 외부에 작용하는 힘이 없으면 물체는 운동의 상태를 유지한다. 즉, 등속으로 운동하거나 정지해 있던 물체에 외력이 작용하지 않는다면 그 운동의 상태는 유지되며 가속도는 없다.
>
> **제2법칙(가속)** 물체에 가해진 힘에 의한 운동의 변화는 시간에 따른 속도의 변화량에 비례하며 그 비례상수는 물체의 질량과 같다. 물체에 외력이 가해지면 운동의 변화가 야기되는데 그로 인한 운동의 변화는 속도의 시간 변화량인 가속도에 비례한다.
>
> **제3법칙(작용/반작용)** 두 물체 사이에 작용하는 힘은 서로 크기가 같고 방향이 반대이다.

이렇게 뉴턴이 정립한 세 가지 힘과 그 작용에 의한 운동법칙은, 무엇인가가 물체를 당기거나 밀어내어 물체의 운동에 영향을 주는 것을 관찰한 결과야. 뉴턴은 경험적이고 귀납적인 여러 실험을 통해 얻은 결과들을 종합해서 특별한 규칙을 찾아냈는데, 운동의 변화를 면밀히 관찰하고 종합하여 힘(force)이라는 추상적인 개념을 도입함으로써 이들의 관계를 정립한 것이지. 뉴턴의 법칙은 힘이라는 개념의 실체와 본질에 대한 깊은 이해에 기반해서 정리된 것이라기보다는 힘에 의해 작용을 받아 움직이는 물체의 운동을 통해 그 관계를 일으키는 현상에 대한 설명이야. 사과가 지구를 당기듯이 지구도 사과를 당기는 것이라는 설명으로 사과가 떨어지는 힘을 이해하는 것 같은 매우 직관적인 방식이지. '당김의 원인이 무엇이고, 왜 당겨야 하는 것인가?'와 같은 '당김'이라는 현상의 근원적인 본성에 대한 성찰이 부족한 것은 어찌할 수 없을 거야. 이렇게 본질적인 질문에 대한 아쉬움이 남긴 하지만 뉴턴이 물체가 운동하는 현상을 이해하는 방식이 완전히 틀린 것은 아니야. 우리는 그런 힘과 운동의 관계에 대한 이해를 통해 우리 주변에서 나타나는 사물의 운동을 명확하게 설명할 수 있었던 것이지.

밧줄로 연결된 물체들

그렇다면 질량을 가진 두 물체 간에 작용하는 중력을 어떻게 이해할 수 있을까? 뉴턴이 생각했던 추상적인 힘의 개념을 잠시 잊고 물체의 운동이 물체들 사이의 우리가 알지 못하는 어떤 관계에 의해 이루어진다고 가정해 보자. 그 관계를 생각할 때 힘이란 것은 물체 간에 주고받는 어떤 상호작용일 것인데 이것은 힘이라는 개념을 다르게 표현한 것이야. 다시 말해 우리가 힘이라 부르는 것은 사실 알고 보면 상대적인 개념이기에 힘이 작용하는 무언가가 없으면 힘의 존재조차 알 수 없는 것이지. 이렇게 다른 물체와의 관계를 통해서만 존재를 알 수 있다는 점이 중요한데, 어떤 물체가 오로지 홀로 존재한다면 그 물체에 영향을 주는 것이 무엇인지 알 수 없을 거야. '손바닥도 마주쳐야 소리가 난다'는 말처럼 영화 〈어벤져스(The Avengers)〉의 슈퍼 히어로들도 평범한 능력을 가진 인류나 우주를 위협하는 빌런들 없이 오로지 홀로 존재한다면 그의 능력이 무한한 슈퍼 히어로인지 어떤지는 아무도 알 수 없는 그런 것처럼 말이야. 이렇게 힘은 물체와 물체 사이에 연결된 상대적인 관계에서 만들어진 개념이야.

자, 그럼 여기서 두 물체를 이어 주는 연결고리, 예를 들면 밧줄 같은 게 있다고 상상해 보자. 대신 조건이 하나 있는데 둘을 잇는 밧줄의 굵기는 물체의 질량에 비례한다고 가정하는 거야. 다시 말해 물체가 무거우면 밧줄도 무겁고, 물체가 가벼우면 밧줄도 가벼운 거지. 만약 내 주변에 수십 개의 물체가 있다면 그 모두가 각각의 질량에 해당하는 굵기를 가진 밧줄로 나와 연결된 것이야.

일단 여기서는 두 개의 물체만 갖고 생각해 보자. 먼저 부엌에 가서 부모님께 허락을 받고 밀가루랑 미지근한 물을 좀 갖고 와 봐. 그리고 밀가루를 반죽해서 각각 10그램짜리 밀가루 공과 20그램짜리 밀가루 공을 만들고 둘을 이어 주는 밧줄을 만들어 보자. 이럴 때 밧줄의 무게는 밧줄이 연결하는 두 물체의 질량을 곱한 것에 해당하니 200그램이 되겠지? 그럼 이제 재료가 다 준비됐어. 그러면 두 공 사이의 거리가 1미터일 때 밧줄 반죽을 사용해 두 공을 연결해 보고 또 2미터일 때도 밧줄 반죽을 사용해 두 공을 한번 연결해 봐. 어느 쪽의 밧줄이 더 굵을까? 당연히 1미터일 때겠지? 이렇게 밧줄의 무게가 같다면 두 물체 사이의 거리가 짧을수록 둘을 더 강하게 연결해 둘 수 있어. 이때 밧줄의 길이에 대한 강직도는 거리의 제곱에 반비례하는데 1미터 떨어져 있는 것은 2미터 떨어져 있는 것에 비해 네 배 더 튼튼하다고 할 수 있지.

뉴턴은 두 물체 사이에 작용하는 중력은 밧줄의 굵기와 길이에 의해 결정된다고 밝혔는데, 이것이 바로 너희들도 알고 있을 뉴턴의 **만유인력의 법칙**(Law of Universal Gravitation)이야. 뉴턴은 두 물체 사이에 작용하는 중력의 크기가 두 질량의 곱에 비례하고 거리의 제곱에 반비례한다는 법칙을 세웠어. 두 물체가 아니라 여러 물체 간의 관계를 고려한다면, 여러 물체는 각 물체의 질량과 떨어진 거리와 관계된 두께의 밧줄로 연결되어

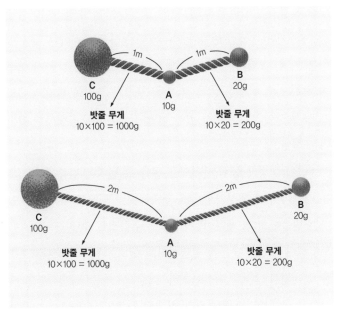

1-1 A와 B, A와 C 사이의 거리가 가까울수록 밧줄의 굵기가 굵어지고 멀어질수록 얇아지지.

있을 거야. 이렇게 밧줄로 연결되어 있다는 개념적인 비유가 힘이 전달되는 방식을 표현하는 거야.

뉴턴은 그러한 종류의 힘이 즉시 전달되어 작용될 것이라 믿었는데, 이는 밧줄로 이어진 관계를 생각해 보면 아주 명확해. 만약 태양이 어느 순간 갑자기 사라진다고 하면 우리는 그 사실을 언제 알게 될까? 앞서 고려했던 밧줄의 관계를 염두에 두고 생각해 보면 태양이 사라지는 것과 동시에 지구와 연결되었던 밧줄도 갑자기 사라지게 될 거야. 그것은 태양이 사라지면서(밧줄이 없어지면서) 생긴 변화가 지구에도 영향을 미친다는 것을 말하는 거지. 그렇다면 이 밧줄에 의한 중력의 작용은 즉시 이루어진다고 볼 수 있을 거야. 뉴턴이 생각한 중력의 특징은 이렇게 물체 사이의 관계에서 힘이 전달되는 현상을 공식화한 것이라는 점이지.

뉴턴이 이렇게 물체 사이의 운동과 그 법칙에 집중했던 이유는 태양과 주변 행성의 운동을 정확하게 이해하고 예측할 수 있다는 믿음이 있기 때문이었어. 그는 수학적인 모델과 방법론을 도입해서 행성의 운동을 설명하고자 했고, 미분과 적분을 스스로 고안해서 그것을 현실화했지. 이렇게 뉴턴이 아인슈타인 이전까지 근대물리학을 정립한 천재로 인정받은 데는 다 이유가 있던 거지. 뉴턴의 중력이론은 타원궤도를 이루는 태양계 행성의 움직임을 정확하게 묘사하는 데 부족함이 없었어. 그로 인해 자연의 모든 것이 수학적인 공식으로 결정될 수 있을 것이란 결정론적 믿음도 생겨났고, 근 200여 년의 물리학사와 사상사를 지배하게 되었지. 하지만 그게 지구 밖 우주에서도 통용되는 것이었을까?

지금까지는 뉴턴이 생각했던 물체들 간에 작용하는 힘을 밧줄이라는 가상의 개념을 들어서 이야기했어. 이제 조금 다른 각도로 이야기를 나눠 보자.

먼저 비탈길에 놓인 공이 아래로 굴러 내려가는 상황을 상상해 볼까? 아이들이 놀이터에서 미끄럼틀을 타는 상황을 생각해도 되고, 스키장에서 스키를 타는 상상을 해도 좋아. 어쨌든 무언가가 중간에 가로막는 것이 없다면 공은 비탈의 가장 끝 점까지 굴러(혹은 미끄러져) 내려갈 거야. 비탈의 경사가 가파를수록 공은 빨리 내려가고 완만할수록 아주 천천히 굴러 내려가겠지. 그런데 만약 아주 멀리서 이것을 관찰하는 사람이 비탈의 존재를 알지 못하고 경사면도 보지 못한다고 생각해 봐. 그 사람에게는 이 상황이 어떻게 보일까? 마치 경사면의 끝 점에 있는 무언가가 그 공을 끌어당기는 것처럼 보이지 않을까? 즉, 공을 당기는 무엇이 있어서 그 공이 운동을 하고 있다고 생각하는 거지. 공이 빠른 속도로 움직인다면 아주 강한 힘으로 끌어당기는 것처럼 보일 테고.

지금까지 이야기를 듣다 보면 두 가지 궁금증이 생기지 않니? 첫 번째는 지금까지 설명한 것처럼 '중력을 비탈길을 내려가듯이 움직이는 것으로 표현할 수 있는가?'이고 두 번째는 '무엇이 그러한 비탈길을 만드는가?'일 거야. 바로 이 두 가지 질문에 대한 답이, 중력이라는 힘을 뉴턴의 방식과는 전혀 다른 새로운 방식으로 이해하고 설명하려 한 아인슈타인 업적이지.

　첫 번째 질문처럼 비탈길을 통해 중력을 설명하기 위해서 뉴턴의 밧줄 개념을 다시 가져와 볼게. 그런데 이번에는 앞에서 말한 것처럼 물체가 밧줄로 연결돼 있다는 것이 아니라 우주 공간 내에 일정한 간격으로 여러 개의 밧줄이 얽힌 그물망이 있다고 생각해 보자. 우리가 다큐멘터리 프로그램에서 볼 수 있는 물고기를 잡는 그물은 2차원 평면의 날줄과 씨줄로만 되어 있지만, 여기서 말하는 그물망은 시간과 공간을 포함하는 3차원의 줄로 엮어진 형태야. 일단은 한번에 상상하기 어렵기 때문에 편의상 2차원의 날줄−씨줄로 된 그물망만을 생각해 보자.

　이 그물망은 **시공간**(Spacetime)이라 부르는 일종의 무대인

궤적

셈이야. 일정한 간격의 격자(그물코)로 이루어진 평평한 그물 망을 특별히 **민코프스키의 시공간**이라고 부르지. 민코프스키 (Hermann Minkowski, 1864~1909)는 독일의 수학자로서 우주가 한 개의 시간과 세 개의 공간의 조합으로 구성된 4차원 구조의 시공간으로 되어 있음을 발견했단다. 이 시공간에 질량을 가진 물체를 올려 두면 마치 평평한 보자기 위에 공을 올렸을 때 보자기의 한가운데가 움푹 파이듯이 그물망 역시 움푹 파이겠지. 이때 그물을 구성하는 일정한 간격의 격자들은 물체가 놓여 움푹 파인 지역에서 간격이 좁아지게 될 것이고. 무거운 물체가 놓일수록 그 격자의 간격은 더 조밀해질 거야. 이것은 물체가 무거울수록 그물망이 버티기 위해서는 격자끼리 더 가까이 달라붙어야 한다고 이해를 하면 쉬워.

이때 그물망 격자의 간격은 **시공간의 밀도**라고 생각해 볼 수 있어. 간격이 일정하다는 것은 시공간의 밀도가 균일하다는 뜻이니 간격의 주변이 조밀해진다는 것은 시공간의 밀도가 높아

1~? 경사를 타고 내려간다는 것은 위치에너지가 운동에너지로 바뀌는 것을 의미이고, 스키어는 그 힘을 이용해 스키를 즐기지만 멀리서 볼 때는 경사 아래에 있는 무언가가 스키어를 잡아당기는 것처럼 보일지도 몰라.

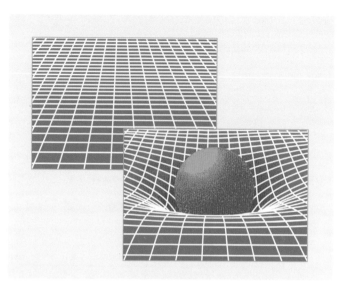

1-3 날줄과 씨줄의 관계 물체가 있으면 날줄과 씨줄의 간격을 바꾼다.

진다는 뜻이야. 그리고 조밀해진 격자의 간격은 앞서 비유를 들었던 비탈길 경사면의 맨 끝 지점에 해당되지. 이때 질량을 가진 물체(공)는 그 파인 면의 그물망(보자기) 위를 따라가는 운동을 하게 되고, 그 파인 골은 물체가 운동을 하는 최단거리가 되는 거야. 이 최단거리를 **측지선**(Geodesic)이라고 불러. 평평한 그물망에서는 직선거리가 최단거리가 되겠지만 휘어져 움푹 파인 그물망에서는 그렇지 않아.

지금까지의 설명을 통해 자연스럽게 두 번째 질문인 '무엇이

1-4 그물망 위에 무거운 물체가 놓이면 그물망은 그만큼 조밀해져 중력 변화가 큼을 알려 주지.
[출처: NASA]

그러한 비탈면을 만드는가'에 대한 답이 주어졌음을 알아챘니? 그래, 비탈면을 만드는 것은 바로 질량을 가진 물체라는 거야. 그리고 그 비탈면 경사의 가파른 정도는 질량의 크기와 관련이 있다는 사실 또한 알 수 있지. 이렇게 경사를 가진 시공간의 비탈면을 시공간의 **곡률**(Curvature)이라고 불러. 시공간의 휘어진 정도를 나타내는 말인데, 보자기 위에 공을 올려놓으면 보자기의 표면이 휘어지는 것과 같은 이치야.

다시 요약하자면 물체가 운동하는 시공간이라 불리는 무대가 있고 이 무대는 마치 그물망과 같아서 어떤 질량을 가진 물체가 무대 위에 놓이게 되면 물체 주변이 움푹 파이는 것처럼 시공간도 휘어지게 돼. 그리고 그 파인 정도는 물체 주변의 비탈면의 경사가 얼마나 심한지를 나타내는데, 물체의 질량이 클수록 경사도 심하지. 보자기 위에 테니스공을 올려놓을 때와 농구공을 올려놓을 때를 비교해 봤을 때 어느 쪽이 더 깊이 파이겠니? 당연히 좀 더 무거운 농구공을 올려놓을 때라는 것을 알 수 있겠지? 바로 그 이야기야.

측지선을 따라가자

지금까지 2차원의 공간에서 비탈면을 예로 들어 설명했는데 사실 3차원에서도 이것을 비탈면으로 이해하기는 직관적으로 쉽지 않아. 그래서 3차원에서의 이해를 돕기 위해 도입한 것이 시공간의 밀도라는 개념이고 질량에 의해 결정된 측지선을 따라 운동하는 것 그 자체가 중력이라고 보는 시각이 아인슈타인의 **일반상대성이론**(Theory of General Relativity)이야. 물체의 질량이 결정하는 것은 상호작용하는 두 물체로 인해 만들어진 경사면, 즉 시공간의 휘어진 정도인 셈이지. 다시 말하면 시공간을 물과 같은 액체에 비유할 때 그 밀도가 높거나 낮은 정도로 시공간의 휘어짐을 비유할 수 있어.

여러 물체가 주변에 있는 상황을 가정한다 해도 지금까지의 설명은 크게 다르지 않아. 예를 들어 태양계에서 지구의 운동을 생각해 볼까? 지구는 태양과 가파른 그물망의 경사면을 가지게 될 것이고, 태양이 만든 경사면에 속박되어 돌고 있겠지. 그리고 지구 주위를 도는 달 역시 지구에 의해 생겨난 경사면에 속박되어 돌고 있는 모양새가 될 거야. 이런 방식으로 주변의 모든 행성은 각기 다른 경사의 그물망 관계를 가지고 있는 거지. 모든 그물망의 균형이 잘 맞아 운동하게 되는 각 위치의 측지선들이 현재의 태양 주변을 공전하는 행성들의 공전궤도가될 것이고, 이것이 측지선을 따라 최단경로로 운동하는 물체의운동이 되는 거야.

어때? 물체가 단순하게 힘의 작용을 받아 운동한다는 뉴턴의개념과 비교해 봤을 때 확연히 다르고 뭔가 좀 더 진일보되고명확한 개념으로 보이지 않니? 앞선 뉴턴의 밧줄에서처럼 태양이 사라지는 경우를 상상해 보면, 태양이 놓여서 휘어졌던 그물망은 태양이 사라지고 나면 원래의 평평한 그물망으로 돌아와야겠지. 그리고 그렇게 그물망이 달라졌다는 정보는 중력이전파하는 속도(빛 속도)로 전달이 될 거야.

빛은 1초에 약 30만 킬로미터를 날아가. 그런데 태양에서 지구까지의 거리는 약 1억 5000만 킬로미터이니까 태양과 지구사이의 거리를 빛 속도로 나눠 주면(1억 5000만 ÷ 30만) 태양에

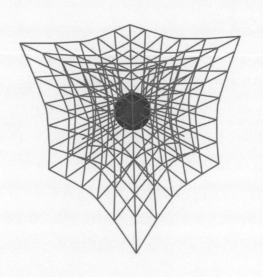

1-5 3차원으로 시각화한 물체가 있을 때의 격자 그물망. 행성은 저마다 제각각의 경사를 지니며 그물망을 형성하고 있어.

서 출발한 빛이 지구에 도달하는 데 걸리는 시간은 대략 500초, 약 8.33분이라는 것을 알 수 있겠지. 즉, 태양이 사라진다면 지구에 있는 우리는 그 사실을 약 8분 20초 뒤에 알게 되는 거야. 이렇게 뉴턴의 밧줄과 아인슈타인의 그물망이라는 두 개념의 차이는 태양이 사라지는 상황에서 우리가 느끼게 되는 것을 확실히 다르게 설명해 주고 있어.(뒤에서 이야기하겠지만, 이게 바로 중력파라고 하는 것이야. 중력이 변하는 것이 빛 속도로 전달되는 것이지. 중력파에 대한 이야기는 8장에서 자세히 하도록 할게.)

이렇게 지금까지 설명한 시공간의 경사는 물질의 성질과는 뗄 수 없는 것이야. 왜냐하면 그것은 물체의 질량과 관계가 있기 때문이지. 물체의 질량이 주는 속성은 즉각 시공간이라는 대상을 통해서 물질과 물질 사이의 관계로 표현되는데, 바로 이 점이 아인슈타인의 일반상대성이론의 핵심이야. 질량을 가진 물질의 존재가 즉각적으로 시공간에서 물질 간의 관계를 형성하게 하며, 이게 바로 중력이 작동하는 본질이다! 이 개념을 잘 기억해 두고 다음 장으로 넘어가자.

이 장에서 더 읽을거리

《뉴턴의 무정한 세계》 정인경 지음, 돌베개, 2014, 1장, 4장.
《상대성 이론 ─ 특수상대성과 일반상대성이론》 알베르트 아인슈타인 지음, 장헌영 옮김, 지만지, 2013.
《아인슈타인의 우주》 미치오 가쿠 지음, 고종숙 옮김, 승산, 2007.

2장

그물망에서
일어나는 일들

중력이 작동하는 무대인 그물망에서는 과연 어떤 일들이 벌어질까? 그 운동을 관찰하는 일은 이론과 실제가 일치하는지를 확인하는 아주 중요한 과정이야. 너희도 게임을 하다 보면 상대가 어떻게 행동할지 예측을 하고 그것이 그대로 맞아떨어졌을 때 희열을 느낀 때가 있지 않니? 과학자들도 마찬가지야. 사건을 관찰하고, 가설을 세우고, 자신의 가설이 옳은지 틀린지에 대해 꾸준히 실험하고 검증하는 작업을 반복해 나가며 진실에 접근한단다. 그렇게 물리학은 이론을 실험으로 검증하기도 하고 실험적 사실을 토대로 이론을 만들고 발전시키기도 하지. 중력을 이해하는 과정이 반복되며 관측을 통해 여러 천문 데이터가 축적되기도 하고 중력의 법칙을 이용해 이러한 천문 현상들을 설명하려는 시도들이 있어 왔지. 그렇게 기존의 이론으로 새롭게 발견된 현상들을 성공적으로 설명한 것들도 있지만, 조금씩 이론과 실제가 어긋나는 것들이 발견되면서 뉴턴이 발견한 중력의 법칙을 넘어서는 이론이 필요하다는 인식이 싹트게 된 거야. 앞서 이야기한 뉴턴의 밧줄에서 아인슈타인의 그물망으로 사람들의 인식과 사고가 이동하고 확장하게 된 것이 대표적인 사례라고 할 수 있어.

3차원 공간에서 빛의 이동 경로

물체가 시공간이라는 그물망을 휘게 만들 수 있다는 사실은 놀라운 인식과 사고의 확장이었어. 유명한 물리학자이자 사제관계에 있었던 존 아치볼드 휠러(John Archibald Wheeler, 1911~2008), 킵 손(Kip Thorne, 1940~), 찰스 마이즈너(Charles Misner, 1932~)는 일반상대성이론의 저명한 교과서인 《중력(Gravitation)》을 저술했어. 그 책에서는 사과의 표면을 기어가는 개미를 통해 휘어진 공간에서의 운동을 설명하고 있는데 이게 아주 재미있어. 잘 알다시피 사과의 표면은 둥근 구면으로 휘어져 있고 개미가 이 표면을 기어갈 때는 휘어진 면을 따라갈 수밖에 없지. 물론 개미는 사과를 파먹어 가며 새로운 길을 개척할 수 있겠지만, 지구라는 구면 위에 있는 우리는 지구 표면을 따라 이동해야지. 지구 내부를 파고들어 반대편으로 나갈 수 있는 건 아니니까. 지구 내부를 파고들었다간 맨틀에 있는 용암이 흘러나와 우리가 사는 곳이 엉망이 될지도 몰라. 자, 그럼 다시 사과 표면을 따라 움직이는 개미를 생각해 보자. 사과 표면을 따라 그어진 최단거리는 지금까지 우리가 알고 있던 직선거리의 개념과는 너무도 다르다는 것을 알게 될 거야. 이렇게 사과의 표면같이 볼록하게 휘어진 공간에서의 최단거리는 그 표면을 따라 휘어지고 이는 당연히 직선거리보다는 길다고 할 수 있겠지. 마찬가지로 시공간에서의 빛의 이동 경로 역시 같은 법칙이 적용되는 거야. 무거운 물체 주변을 따라 움직이는 빛의 경로는 사과 표면을 따라 이동하는 개미의 이동 경로처럼 곡선 경로라는 것이지.

빛이 휘어진다는 사실에 대한 아주 유명한 일화가 있어. 뒤에서도 여러 번 나올 아서 에딩턴(Arthur Eddington, 1882~1944)이란 영국의 천문학자는 아인슈타인의 일반상대성이론을 접한 다음부터 그 이론적인 명료함과 아름다움에 매료되어 이론의 열렬한 지지자가 되었지. 자부심도 대단했는지 전 세계에 일반상대성이론을 이해하는 사람은 자신을 포함해 몇 안 된다고 말할 정도였단다. 에딩턴은 일반상대성이론에 따라 아인슈타인이 예측한 빛의 휘어짐 현상을 관측하기 위해 1919년에 있었던 개기일식을 관측하기 위한 프로젝트를 꾸렸어. 그리고 서아프리카의 프린시페(Princepe)섬(현재의 상투페 프린시페섬)으로 향해 탐사단을 꾸려서 떠났지. 어쩌면 아인슈타인 덕후가 아니었을까 싶네.

아인슈타인의 일반상대성이론에 의하면 태양의 중력에 의한 빛의 휘어짐 정도는 약 1.7각초*로 대략 달 지름의 1000분의 1에 불과할 정도로 작았어. 에딩턴의 탐사대는 총 열여섯 장의 사진을 촬영했는데 그중 두 장의 사진에서 비교적 원하는 정보를 얻을 수 있는 상이 찍혀 있었던 거야. 그리고 그 사진에서 자신이 지지해 왔던 아인슈타인의 일반상대성이론이 예측한 대

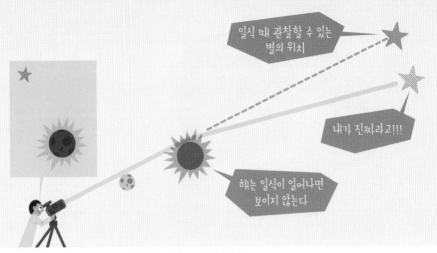

2-1 태양의 중력에 의해 휘어지는 빛의 모습과 별의 실제 위치

로 태양 주변에 있는 별들의 위치가 미세하게 바뀌어 있다는 사실을 발견했지. 즉, 태양의 반대편에 있던 별빛이 태양의 중력에 의해 끌어당겨져서 우리 눈에 들어온다면 그 별빛을 관측하는 우리는 그 별이 태양 반대편이 아닌 원래 위치에서 조금 떨어진 위치에 있는 것으로 판단하게 될 것이란 사실을 입증해 주었던 거야.(2-1 그림 참조)

이것은 강한 중력에 의해 빛까지 휠 수 있다는 것을 증명하는 대표적인 사례였고 뉴턴의 이론으로 절대 설명할 수 없을 정도

> 각초는 각도의 단위로 1도의 60분의 1인 각분을 다시 60등분한 것으로 1도의 3600분의 1에 해당해.

2-2 에딩턴 탐사대의 개기일식 촬영 사진. 일식 때 태양 주변을 통해 보이는 별의 위치를 관측해 태양이 없을 때와 비교해 본다면 일반상대성이론이 예측한 대로 시공간이 휘어지는지를 확인할 수 있었지. [출처: 위키피디아]

로 획기적인 결과였지. 동시에 아마존 밀림에 있는 소브랄 마을에서 관측한 추가 사진에서도 에딩턴의 결론이 옳다는 것이 판명되었어. 이 결과는 그해 11월 영국의 왕립학회 및 왕립천문학회의 특별 합동회의에서 발표되었고, 그동안 과학계의 대부였던 뉴턴의 시대가 종식되는 유명한 사건으로서 영국의 〈타임(The Time)〉지가 대서특필하며 아인슈타인을 스타로 만들었지. 당시의 기사를 살펴보면 오늘날의 BTS가 전 세계 생중계 공연을 한다는 소식을 전할 때처럼 열광적이었다고 할까? 아무튼 이 사건을 통해 알게 된, 중력에 의해 빛도 휘어진다는 사실은 인류의 과학사에 엄청난 인식의 변화를 가져다준 커다란 지식의 진보였지.

렌즈가 된 중력과 아인슈타인 고리

이후에 빛의 휘어지는 경로를 관측한 시도들이 연이어졌고, 이는 아인슈타인이 생각한 그물망이 중력을 올바로 설명하고 있다는 사실을 입증하는 증거가 되기 시작해. 다른 예를 하나 더 들어 볼까? 바로 천문학에서 관측되는 **중력렌즈**(Gravitational Lens)라는 것이야. 렌즈는 우리에게 아주 익숙한 기구잖아. 너희들이 쓰고 있는 안경에도 있고 핸드폰 카메라에도 있고 학교에서 과학실험을 할 때 쓰는 돋보기에도 있고. 그런데 중력렌즈라니, 신기하지 않아? 렌즈에는 볼록렌즈와 오목렌즈가 있고, 빛이 두 렌즈 안으로 들어오게 되면 그 경로에 굴절이 생겨서 상이 커지거나 혹은 작아지는 전혀 다른 결과를 얻게 되는 현상은 우리에게 너무도 익숙하지. 모두 렌즈를 통과할 때 빛의 굴절률이 달라지면서 빛의 경로도 바뀌는 현상이야. 그런데 이런 현상은 천체 주변에서도 일어날 수 있다고 아인슈타인이 이미 예측했어. 바로 강한 중력을 가진 천체가 렌즈처럼 작동하는 거야. 그리하여 그 천체의 뒤에 존재하는 별빛을 굴절시

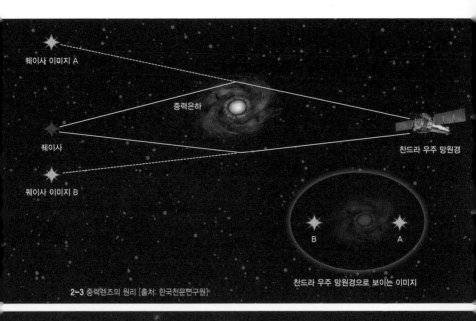

퀘이사 이미지 A

중력은하

퀘이사

찬드라 우주 망원경

퀘이사 이미지 B

B   A

찬드라 우주 망원경으로 보이는 이미지

2-3 중력렌즈의 원리 [출처: 한국천문연구원]

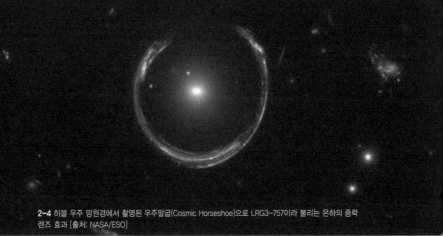

2-4 히블 우주 망원경에서 촬영된 우주말굽(Cosmic Horseshoe)으로 LRG3-757이라 불리는 은하의 중력 렌즈 효과 [출처: NASA/ESO]

키는 거지. 그러면 강한 중력을 가진 천체 뒤의 별들이 그 천체의 주변에 고리 또는 반지 모양으로 보이게 된단다.

다들 블랙홀이라는 걸 들어 본 적 있지? 과학적으로 설명하라고 하면 어렵겠지만 적어도 빛을 포함한 모든 것을 다 빨아들이는 것이라는 정도는 알고 있을 거야. 블랙홀에 대한 내용은 뒤에서 설명하겠지만 이에 대해 가볍게 먼저 짚고 넘어가면, 은하의 중심부에는 질량이 태양의 수억 배 이상 되는 무거운 초거대질량 블랙홀이 존재해. 이 은하가 왜곡하는 시공간의 휘어짐은 블랙홀의 반대편 어딘가에 있는 은하에서 오는 빛을 휘게 만들기에 충분하고. 2-3 그림과 같이 만약 우리의 시선, 중력렌즈의 은하, 그리고 반대편의 은하가 정확하게 일직선에 놓여 있게 되면 뒤편의 은하에서 오는 빛은 2-4 사진처럼 중력렌즈로 동작하는 은하 주변에 고리 모양으로 보이게 되는데 이를 **아인슈타인 고리**(Einstein Ring)라고 부르지. 그러나 이렇게 천체 세 개가 똑바르게 일직선으로 서는 경우는 매우 드물고 이 직선상에서 벗어나게 되면 은하 주변에 활 모양으로 나타나는 거야.

시공간에서 질량을 가진 물체의 존재는 각 물체들끼리 특별한 관계를 형성하지. 1장에서 이야기했듯이 뉴턴이 생각한 방식의 밧줄로 연결된 관계는 두 물체 사이의 힘의 관계를 표현할수는 있어도 빛이 휘어지는 현상까지 설명하기에는 다소 무리가 있어 보여. 뉴턴의 사고에서 빛이 휘어진다는 것은 전혀 예측되지 못한 것처럼 말이야. 따라서 우리가 뉴턴의 이론이 여전히 유효한 진리라고 믿고 있다면 아인슈타인 고리와 같은 현상은 도저히 설명할 수 없겠지. 때문에 이처럼 빛이 휘어진다는 현상을 설득력 있고 논리적으로 설명해 줄 새로운 이론이 필요했고 그 결과, 빛이 물체에 의해 휘어진 시공간에서 휘어진 경로를 따라(측지선을 따라) 운동한다는 관점이 아인슈타인에 의해서 확립되었던 거야. 이렇게 기술이 발달하고 우리가 생각했던 개념과 정반대인 객관적 증거가 나타나면 이전까지 진리라고 믿어 왔던 것이 무너져 내리는 일은 비일비재해. 다음에 나오는 사례도 이를 뒷받침하는 일화야.

속보: 수성, 아인슈타인 지지 선언!!

뉴턴의 이론으로는 해석하기 힘든 사례들이 쌓이면서 천문학의 오랜 관측 데이터를 통해 뉴턴의 이론에 한계가 있다는 주장이 속속 제시되어 왔어. 그중 하나가 **수성**(Mercury)**의 세차운동**(Precession Motion)이야. 수성은 태양으로부터 평균 5800만 킬로미터 떨어진 태양계의 행성이야. 1장의 마지막 부분에서 태양과 지구의 거리가 얼마라고 했지? 그래 맞아, 약 1억 5000만 킬로미터라고 했지? 기억이 안 나면 다시 한 번 보고 와도 돼. 수성의 반지름은 약 2400킬로미터로 반지름이 약 6400킬로미터인 지구에 비하면 많이 작다고 볼 수 있어. 또 태양을 한 바퀴 도는 공전주기는 88일밖에 안 되지만 자전주기는 58일가량 될 정도로 지구와는 다른 점이 너무도 많아. 게다가 낮에는 약 420도의 불타는 고온, 밤에는 영하 180도의 꽁꽁 어는 저온을 가진 행성이지. 먼저 행성의 운동에 관한 법칙은 케플러(Johannes Kepler, 1571~1630)가 정립한 **케플러의 법칙**으로 잘 정리되어 있어. 그중 제1법칙인 **타원 운동의 법칙**은 '행성은 태양을 타원의 초점으로 하는 타원궤도의 운동을 한다'야. 이때 타원의 눌린 정도를 **궤도 이심률**(Orbital Eccentricity)이라고 해. 그리고 타원궤도의 초점인 태양이 한쪽으로 쏠려 있기 때문에 자연스럽게 태양에서 가장 먼 지점과 가장 가까운 지점이 있게 되는데 가장 먼 지점을 **원일점**(遠日點, Aphelion), 가장 가까운 지점을 **근일점**(近日點, Perihelion)이라 불러.

수성은 이처럼 태양을 주변으로 타원 운동을 하게 되고 태양과 가장 가깝게 접근하는 근일점이 100년당 약 5600각초만큼 움직이는 현상이 관측되었어. 즉, 수성은 2-5 그림에서 보듯이 항상 일정한 모양의 타원이 아닌 운동을 하게 되는데 이를 세

> 궤도 이심률이 0에 가까울수록 원 궤도를 그리게 되는데, 지구의 궤도 이심률은 0.0167인 데 비해 수성은 0.2056이야. 지구는 거의 원 궤도로 돌지만 수성은 지구의 궤도에 비하면 좀 더 타원 형태의 궤도로 돌고 있다고 할 수 있지.

2-5 수성의 세차운동으로 인한 근일점 이동. 수성의 궤도가 조금씩 이동한다는 것을 알 수 있지?

차운동이라 불러. 세차운동의 주원인으로는 다른 행성의 궤도운동에 의한 영향을 꼽을 수 있어. 이미 오래전인 1859년에 프랑스의 수학자 위르뱅 르베리에(Urbain Leverrier, 1811~1877)는 뉴턴의 이론에 의한 수성의 세차운동이 100년당 약 5567각초가 되어야 하는데, 이는 실제 관측한 결과와 차이가 있다고 보고했지. 즉, 관측에 의한 값과 뉴턴의 이론으로 계산한 값 사이에는 차이가 존재하는 것이 문제의 시작이었어. 처음에 르베리에는 이런 오차가 나타나는 이유가 수성보다 안쪽에 우리가 알지 못하는 행성이 존재하기 때문이라는 가설을 세웠고 그 미지의 행성에 불칸(Vulcan)이라는 이름을 붙였어. 충분히 합리적인 가설이었지만 천문학자들은 이런 미지의 행성을 찾는 데 실패하였고 이 문제는 뉴턴의 이론으로 해결하지 못하는 이론적 한계로 남게 되었던 거야. 그리고 이 문제는 아인슈타인의 일반상대성이론이 등장한 약 55년 뒤에 해결되었지. 이렇게 진실에 다가가려는 과학자들의 노력은 충분히 존경받을 만한 일이고 덕분에 우리는 우주의 신비에 대해 많은 것을 알 수 있게 되었던 거야. 잠시 쉬었다가 다음 장에서도 과학자들의 피나는 노력에 대해 알아보도록 하자.

이 장에서 더 읽을거리

《완벽한이론: 일반상대성이론 100년사》 페드루 G. 페레이라 지음, 전대호 옮김, 까치, 2014.

3장

그물망에서 일어난
사건을 표현하는 법

사건이 일어났을 때 우리는 이 사실을 어떻게 표현할까? 만약 뉴스에서 오늘 일어났던 사고에 대해서 보도를 한다고 생각해 봐. 아주 익숙하게 우린 이런 뉴스를 매일 접하고 있잖아?

> "오늘 저녁 7시 30분, 서울 방향 경부고속도로 옥천 나들목 약 2킬로미터 지점에서 화물차에 싣고 가던 오렌지 수십 상자가 도로에 쏟아져 약 두 시간가량 주변이 혼잡을 빚었습니다."

고속도로에 오렌지가 쏟아진 건 잠시 잊자고. 오렌지를 먹고 싶다고? 그것도 조금만 참고. 자, 생각해 보자. 어떤 물리적 사건이 일어난 것을 표현하는 방식은 우리에게 사건이 일어난 **시간**과 **공간**을 이야기함으로써 명확하게 표현할 수 있는 거야. 명심해. 시간, 그리고 공간이야. 즉, 중요한 점은 바로 언제, 어디서 일어났는가 여부라는 것이지. 무슨 일이 일어났는지는 나중에 이야기하더라도, 우선 중요한 사건의 정보는 사건이 일어난 시간과 공간인 거야. 인용한 뉴스의 한 예에서 "오늘 저녁 7시 30분, 서울 방향 경부고속도로 옥천 나들목 약 2킬로미터 지점"이라는 사실만으로도 사건이 발생한 시공간의 한 점을 정확히 나타낼 수 있어. 물리학자들은 이런 시공간의 좌표를 멋들어지게 **시공간 사벡터**(Four Vector)라고 불러. *

피타고라스 소환술!

먼저 **벡터**(Vector)는 공간상의 위치를 표시하는 방법이야. 어떤 점에서 특정한 사건이 일어난 점까지 화살표를 이어 표기하는데 그것은 그쪽 방향으로의 위치를 나타내는 **방향**과 **크기**를 가진 양으로 정의할 수 있지. 예를 들어 볼까? 3-1 그림에서 A 지점에 있는 아인슈타인과 B 지점에 있는 뉴턴을 생각해 보자.

아인슈타인으로부터 뉴턴이 얼마나 떨어져 있는지를 표현하는 방법은 그냥 아인슈타인에서부터 뉴턴까지 그은 화살표로 표현할 수 있어. 아주 쉽지? 뉴턴이 있는 방향은 곧 화살표의 방향을 나타낼 것이고, 얼마나 멀리 떨어져 있는지는 화살표의 길이로 알 수 있지. 방향과 길이(거리), 이 둘만 안다면 아인슈타인은 뉴턴이 있는 곳까지 정확하게 갈 수 있지. 그리고 그 둘의 거리를 구하는 방법은 이미 아주 오래전 피타고라스학파에 의해 알려져 있었어.

그런데 만약 아인슈타인이 뉴턴에게 가기 위해서 3-1 그림의 화살표를 사용하는 대신 동쪽으로 a 걸음만큼 이동하고 북쪽으로 b 걸음만큼 이동하여 만났다고 한다면 이때 아인슈타인

> ● 단순히 벡터의 성분이 네 개라는 의미로 붙여진 이름이야. 세 개의 공간좌표와 한 개의 시간좌표로 나타내는 벡터인 셈이지.

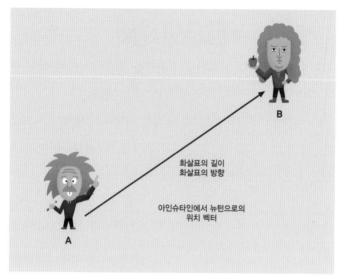

화살표의 길이
화살표의 방향

아인슈타인에서 뉴턴으로의
위치 벡터

3-1 아인슈타인이 A 지점에서 B 지점으로 이동해서 뉴턴을 만나고 싶어 해!

과 뉴턴 사이의 직선거리 c는 다음과 같은 관계가 있지.

$$c^2 = a^2 + b^2$$

많이 본 공식이지? 그래, 이게 그 유명한 피타고라스의 정리야. 아인슈타인과 뉴턴 사이의 거리는 아인슈타인이 직접 가지 않고 돌아서 간 a, b 걸음으로 표현하면 다음과 같이 해석할 수있어.

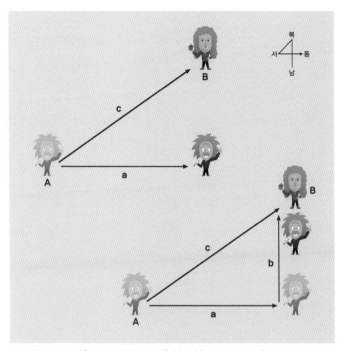

3-2 아인슈타인이 뉴턴을 만나려고 동쪽으로 a 걸음만큼 이동한 뒤 북쪽으로 b 걸음만큼 이동하고 있어!

    아인슈타인이 그냥 a 걸음, b 걸음만큼 간 것이 아니라 한 발
자국씩 걸어갈 때마다 직접 쓴 논문으로 만든 벽이 뒤에 쌓인다
고 생각해 보자. 한 발자국 걸으면 뒤에는 길이와 높이가 각각
1만큼인 벽이 생기고, 두 발자국 걸으면 다시 뒤에는 길이와 높
이가 각각 2만큼인 벽이 생기는 거지. 이런 식으로 아인슈타인
이 a 걸음만큼 이동했을 때 그가 지나온 길 뒤에는 길이가 a이

고 높이도 a인 벽이 쌓인다고 생각해 보는 거야. 같은 방식으로 아인슈타인은 방향을 바꿔 북쪽으로 b만큼 이동해서 뉴턴을 만나고 뒤를 돌아보면 길이가 b고 높이도 b인 또 다른 논문으로 만든 벽이 생길 거야. 이렇게 생긴 두 벽의 벽돌을 모두 허물어 c라는 길 위에다 다시 쌓으면 정확하게 그 허문 벽돌을 가지고 길이 c, 높이 c의 벽돌을 아인슈타인과 뉴턴의 직선거리 위에 쌓을 수 있다는 것을 말하는 것이지.

구체적인 예를 들어 보면 아인슈타인이 동쪽으로 세 걸음 가고(a=3) 북쪽으로 네 걸음 갔다면(b=4), 아인슈타인과 뉴턴의 직선거리는 다섯 걸음이 될 거야. 이때 아인슈타인이 논문으로 만든 벽의 벽돌 숫자를 세어 보면 동쪽으로 가는 동안에는 아홉 장의 벽돌이 필요할 것이고, 북쪽으로 가는 동안에는 열여섯 장의 벽돌이 필요하겠지. 총 스물다섯 장의 벽돌로 충분히 아인슈타인이 뉴턴에게 가는 동안 길이가 5이고 높이도 5인 벽을 쌓을 수 있다는 거야. 어때? 어렵지 않지?

아인슈타인이 뉴턴에게 가는 예에서 '동쪽으로 a 걸음, 북쪽으로 b 걸음'이라는 정보는 지금까지 알아본 둘 사이의 떨어진 거리뿐만 아니라 어느 방향에 있는지에 대한 정보도 알 수 있어. 즉, 동쪽으로 a 걸음, 북쪽으로 b 걸음이라는 정보는 실제로 동쪽에서 얼마의 각도(N)로 뉴턴이 떨어져 있는지를 나타내고 있는 거야. 이 각도 N은 조금 어렵지만 다음의 관계가 있어.

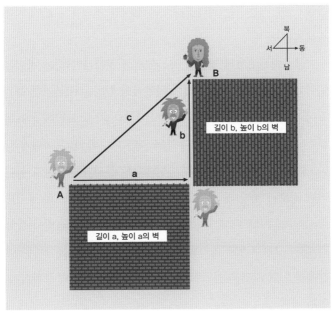

3-3 아인슈타인이 지나가는 길 뒤에 지나온 거리만큼의 논문으로 만든 벽이 생긴다!

$$\tan N = \frac{b}{a}$$

기호 tan는 탄젠트라고 읽고 삼각함수의 하나야.* 쉽게 말하면 발걸음 수 a, b를 알면 아인슈타인이 뉴턴에게 갈 때 얼마만큼 몸을 돌려 그 방향으로 가는지도 알 수 있지. 그리고 몇 걸음을 가야 하는지는 피타고라스의 정리인 $c^2 = a^2 + b^2$에 의해 정해지는 거야.

지금까지는 2차원 평면인 공간에서 위치를 표현하는 방법을 이야기했어. 그런데 날고 있는 비행기의 위치를 이야기할 때는 길이와 방향 이외에 고도를 알려 주듯이 3차원 공간에서 표현하는 것도 공간 축 하나만 추가해 주면 되니까 별로 어렵지 않아. 3차원 공간에서는 2차원 공간에서의 동서남북 외에도 높이라는 정보가 하나 더 추가되겠지. 그래서 피타고라스의 정리도 $l^2 = a^2 + b^2 + c^2$으로 확장되며, 지시하는 방향도 조금 더 복잡해지지만, 그렇더라도 벡터를 이용하면 여전히 우리는 3차원 공간에서 어떤 사건을 지시할 수 있는 정보를 명확하게 표현할 수 있는 거야.

벡터를 활용하자

지금까지 피타고라스의 정리와 의미를 설명했는데, 요점은 어떤 물리적인 사건을 설명할 때 길이(거리)와 방향을 나타내는 벡터라는 양을 알면 쉽게 사건에 대한 정보를 얻을 수 있다는

삼각함수는 삼각형의 각 변과 세 각과의 관계를 나타내는 함수야. 사인(sin), 코사인(cos), 탄젠트 함수와 이들의 역함수로 구성되어 있지.

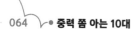

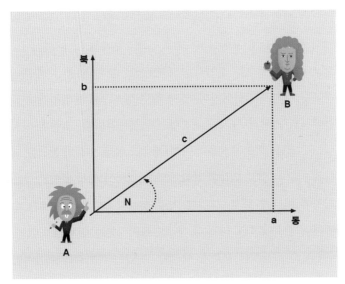

3-4 그림 이제 c의 값은?

거야. 물리학자들이 어떤 물리적 사건을 표현할 때 벡터를 이용하는 이유가 바로 이 편리함 때문이지.

앞선 밧줄과 그물망의 예에서 보았듯이 이런 사건들은 시간에 따른 사건의 흐름으로 표현될 수 있어. 직관적으로 생각해 보면, 시공간이라는 개념의 확장을 통해 어떤 물리적 사건을 논리적으로 표현할 수 있다고 이해할 수 있는 거야. 그래서 민코프스키는 그런 방식의 확장에는 자연스럽게 시간도 포함시킬 수 있다고 생각했지. 그렇게 시간과 공간은 하나의 통일된 개념으로 묶였어. 그래서 사건을 기술하는 벡터 역시 시공간 위에서 통일적으로 표현할 수 있고, 그게 앞에서 이야기한 시공간 사벡터라 부르는 것이지. 그것은 시간 한 개와 공간 세 개의 정보를 가지고 만들어지며, 앞서 했던 방식으로 동일하게 시공간에서의 방향과 크기를 계산할 수 있는 양이야. 그런데 이처럼 차원을 늘리고 시간을 추가하다 보니 이는 우리의 상상을 넘어설 만큼 어렵고 복잡한 상황이 돼 버려서 이해하기 쉽지 않은 지경에 이르게 됐지. 그런데 이렇게 시각적으로는 상상할 수 없지만 우리에겐 또 다른 무기인 수학이라는 논리체계가 있어. 수학적 논리체계는 우리가 상상할 수 있는 범위를 넘어섰지만 명백히 수학적으로 시공간에서의 물리학이 어떻게 기술될 수 있는지 명확하게 해 줬어.

곡면에서의 최단거리를 재 보자

혹시 기하학이라는 말을 들어 본 적 있니? 이름이 희한해서 오히려 기억에 남을 수 있을지도 모르겠다. 오래전부터 수학자들에게 연구의 대상이 된, 공간에서의 점·선·면·부피 등의 성질과 그 법칙을 연구한 학문이 기하학이야. 평평한 공간에서의 기하학은 수학자 유클리드에 의해 수백 년 전에 발견된 유클리드 기하학으로 표현된단다. '삼각형 내각의 합은 180도이다'라는 내용은 아마 너희 대부분이 알고 있을 거야. 아인슈타인과 뉴턴을 통해 우리는 이제 평면에서의 삼각형 빗면의 길이 역시 피타고라스의 정리에 의해 주어진다는 걸 알고 있겠지? 그러나 평평한 공간이 아닌 지구의 표면과 같은 구체에서는 이러한 기하학이 성립하지 않음을 쉽게 알 수 있지.

3-5 그림에서 보듯이 이렇게 휘어진 곡면에서의 기하학은

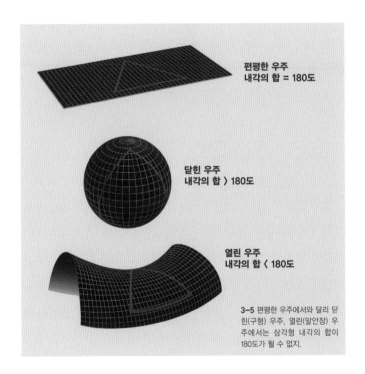

편평한 우주
내각의 합 = 180도

닫힌 우주
내각의 합 〉180도

열린 우주
내각의 합 〈 180도

3-5 편평한 우주에서와 달리 닫힌(구형) 우주, 열린(말안장) 우주에서는 삼각형 내각의 합이 180도가 될 수 없지.

비유클리드 기하학(non-Euclidean geometry)이라 불려. 실제로 지구 표면에서의 최단거리는 피타고라스의 정리에 의한 직선거리가 아닌 구면을 따르는 곡선거리가 최단거리가 되지. 앞에서 언급한 사과 표면을 기어가는 개미를 다시 한 번 생각해 보면 좀 더 이해가 쉬울 거야.

이 예에서 보듯이 최단거리를 정의할 때에는 곡면의 휘어진 정도에 대한 정보가 포함되어야 한다는 것을 알 수 있는데, 이 휘어짐 정도를 표현하는 척도를 **계량**(Metric)이라고 부른단다. 앞의 피타고라스의 정리를 생각해 보면 $c^2 = a^2 + b^2$을 다음과 같이 쓸 수 있어. 바로 행렬(matrix)이라는 식을 이용하는 거지.

$$c^2 = \begin{pmatrix} 1 & 0 \\ 0 & 1 \end{pmatrix} \begin{pmatrix} a^2 \\ b^2 \end{pmatrix}$$

이 표현에서 앞에 $\begin{pmatrix} 1 & 0 \\ 0 & 1 \end{pmatrix}$에 해당하는 부분이 바로 평평한 유클리드 공간의 계량에 해당한다고 할 수 있어. 이런 방식으로 이 부분이 임의의 시간에 따라 변하는 함수로 되어 있다면 그것은 어떤 휘어진 공간을 표현하게 될 거야. 계량은 일종의 '자'와 같은 것으로 생각하면 이해하기 쉬울 거야. 예를 들어 평평한 책상 위에 놓인 종이에 두 개의 점을 찍고 둘 사이의 길이를 재고자 할 때는 평평한 자를 갖다 대서 눈금을 읽는 식으로 쉽게 길이를 잴 수 있지. 그러나 그런 평평한 자는 지구본 위에서 두 점의 길이를 잴 때 용이하지 않아. 그럼 어떻게 하지? 그래, 자를 구부리면 돼. 아니면 지구본의 구면을 따라 휘어진 자나 허리 둘레 사이즈를 확인하는 데 쓰는 줄자를 이용하면 쉽게 길이를 잴 수 있겠지. 이렇게 길이를 재는 자에 공간의 휘어진 정보가 포함된다면 어떤 상황에서도 그 공간에서의 길이를 잴 수 있는 만능 자가 되겠지. 이처럼 계량은 시공간이 얼마나 평평한지, 휘어져 있는지를 나타내는 정보를 담고 있으며, 이것을 통해 최단거리(측지선)를 정의할 수 있는 거야.

잠시 쉬었다가 다음 장에서는 어떻게 이 계량을 활용하는지 알아보기로 하자. 앞에서 말했던 오렌지가 먹고 싶은데 참느라 힘들지 않았니? 부엌에 가서 하나 먹고 다음 장으로 넘어가자.

이 장에서 더 읽을거리

《리만이 들려주는 4차원 기하학 이야기》 정완상 지음, 자음과모음, 2010.

4장

단 하나의
방정식

잘 쉬었니? 지금까지 따라오느라 애 많이 썼어. 물론 간단하지는 않았을 거야. 처음 보는 용어 때문에 머리도 아플 거고 영상이나 움직이는 그림(움짤)으로 설명하면 핵심 내용이 금방 다가올 건데 지면으로 이해하려니 쉽지 않을 거라는 거 잘 알고 있어. 그래도 끈기 있게 집중해서 읽는 습관을 들이면 무엇을 하더라도 성공할 수 있을 거야. 다음으로 넘어가기 전에 먼저 앞에서 언급했던 내용을 확실하게 짚고 넘어가자. 잘 모르면 앞의 내용을 훑어보고 와도 돼. 수박 겉핥기로 진도만 나가는 게 목적이 아니라 '느리더라도 확실히 아는' 게 목적이니까. 충분히 이해하고 올 때까지 여기서 기다리고 있을 거야. '버리고 가면 어쩌지' 하며 걱정하지 말고, '나 때문에 일정이 늦어지는 건 아닐까?' 하며 미안해하지 않아도 돼. 우리 모두는 기다릴 준비가 되어 있으니까. 그럼 준비됐니?

책상 위에 놓인 종이에 그려진 두 점의 거리를 잴 때는 반듯한 자를 사용하면 된다고 했지? 하지만 그런 상식적인 공간이 아니라 일반적으로 시공간이라 불리는 곳에서는 그와 같은 일을 적용시키기가 쉽지 않아. 앞에서 말했던 것처럼 지구본의 표면을 잴 때는 휘어진 자처럼 특별한 자가 필요하고, 그것으

로 눈금을 읽어 시공간의 뒤틀린 모양과 형상대로 최단거리가 결정될 수 있단 말이야. 그때 시공간의 모양을 담고 있는 자를 계량이라고 부른다고 이야기했지? '어떤 특정한 시공간의 모양을 나타내는 계량은 무엇인가?'라는 질문으로부터 시공간의 휘어진 모양을 표현하는 양들을 정의할 수 있어. 이러한 질문과 관련된 일들은 이미 1850년대 베른하르트 리만(Georg Friedrich Bernhard Riemann, 1826~1866)이라는 수학자에 의해 정립된 비유클리드 기하학의 이론이야. 리만은 수학자로서 유클리드 공간에서 정립된 기하학과 완전히 다른, 휘어진 공간에서의 기하학이 가능함을 정리했지만, 이것을 중력이라는 물리적 실체와 연결시키지는 못했어.

앞서 시공간의 휘어진 정보는 계량이라고 하는 것에 포함되어 있다고 이야기했지? 이 계량은 **텐서**(Tensor)라고 부르는 양이야. 그리고 계량은 한 개의 시간과 세 개의 공간(x, y, z)이라는 네 개의 변수를 가진 함수이지. 즉, 어떤 시간과 공간상의 한 점에서 값이 주어진다는 의미야. 텐서는 관찰자에 의존하지 않는다는 특별한 성질을 가진 양으로 정의해. 만약 우리가 하나의 사건을 각각 다른 좌표계에서 바라본다면 사건은 좌표계마다 다르게 관찰될 거야. 예를 들어 버스 옆을 달리던 자동차가 사고 났을 때, 버스 정류장에 서 있던 사람이 바라보는 것과 버스를 타고 가는 사람이 바라보는 것은 다르게 보인다는 의미이지. 두 사람은 각각 다른 좌표계의 기준틀에 있고 두 사람이 보는 사건은 버스의 운동을 통해 연결시킬 수 있는데 이를 **좌표변환**이라고 부르고, 텐서는 이러한 좌표변환에 대해 변하지 않는 양으로 정의되는 함수인 거야. 우리가 잘 아는 벡터라는 양 역시 특별한 형태의 텐서를 부르는 명칭에 지나지 않아.

그럼 이번에는 곡률이 정의되는 방식을 한번 알아볼까? 공간에 곡선 하나가 있다고 생각해 보자. 이때 곡선이 휘어진 정도를 재고 싶은 거야. 그럼 재고 싶은 두 점을 고른 뒤에 두 점에서의 접선을 그어 보자. 두 접선이 서로 같은 기울기를 가지고 있다면 곡선은 아마 휘어지지 않았거나 그 점에서 같은 방향으로 기울어져 있을 거야. 대체로 곡선이 휜 정도는 그 점에서 기울기의 차이를 가지고 결정하지. 이것을 임의의 곡선을 나타내는 함수인 계량함수로 표현할 수 있는데, 접선과 접선의 기울기는 미분을 각각 한 번, 두 번 한 양에 해당하지[*]. 그렇게 계량함수를 적절하게 미분함으로써 시공간의 휘어진 정도를 가늠하는 **곡률**(R_{ab}나 R 등으로 표현되는)[**]이라는 양을 정의할 수 있어.

〰〰[*] 기울기를 구하는 과정이 미분이라고 하는 양임을 상기하자.
〰〰[**] R_{ab}은 리치텐서(Ricci Tensor), R은 리치스칼라(Ricci Scalar)라고 불러.

등가원리와 관성기준틀

뉴턴의 이론으로는 설명이 불가능했던 중력을 설명하기 위해 도입한 게 휘어진 시공간을 따라 물체가 움직인다는 개념이라고 앞에서 이야기했지? 이 개념을 정립하고 수학을 이용해 공식화한 게 특허청 2급 검사관으로 일하던 아인슈타인이었어. 그는 특허청 일을 하면서 때때로 상념에 잠기곤 했는데 그건 다음과 같아.

물체를 오로지 중력에 의해서만 떨어뜨린다고 생각하고, 나도 그와 함께 떨어진다고 생각해 보자. 예를 들어, 내가 피사의 사탑에서 공을 떨어뜨리면서 나도 뛰어내린다. 그런데 갑자기 주위의 풍경이 시야에서 사라지고 공과 나만 남아서 나는 공만을 주시하게 된다면 공과, 같은 중력에서 자유낙하하는 나는 중력가속도를 받아 운동하는 것을 중력에 의해 떨어진다는 개념과 구분하지 못한다. 그리고 내 눈에는 그 공이 정지해 있는 것으로 보일 것이다. 어떻게 이런 것이 가능할까?

이 질문은 아인슈타인에게 중력의 본질을 진지하게 생각하게 하는 중요한 계기였어. 가속도와 중력이 동일한 것이라는

등가원리(Principle of Equivalence)가 바로 이것이야. 그렇게 자유 낙하를 하는 동일한 기준틀에서의 두 물체는 서로를 중력을 느끼지 못하는 상태로 인식하게 될 거야. 이처럼 외부 힘이 작용하지 않을 때 가속도가 0이 되어 정지해 있거나 등속도가 그대로 유지되는 관성의 법칙을 따르는 기준틀을 **관성기준틀**(Inertial Frame of Reference)이라 불러. 하나의 관성기준틀과 동일한 속도로 움직이는 다른 모든 기준틀 역시 관성기준틀이지. 아인슈타인의 생각처럼 내가 중력가속도로 떨어지고 있고 공 역시 같은 가속도로 떨어지고 있으나 나와 공은 외부에서 힘을 받지 않는 관성기준틀인 거야.

아인슈타인은 어떤 관성기준틀에서도 물리법칙은 동일하게 적용될 것이라는 생각을 했어. 그리고 그의 동료이자 친구인 마르셀 그로스만(Marcel Grossmann, 1878~1936)이 알려 준, 중력에 의한 시공간의 왜곡을 표현하는 수학인 리만 기하학을 습득하였지. 아무리 아인슈타인이라도 이런 종류의 수학에는 초보였기에 배우기가 쉽지 않았지만, 연구에 꼭 필요한 것이었기에 이들을 학습하고 공식화하기 위해 노력했고 10여 년 동안의 시행착오와 노력 끝에 아인슈타인은 드디어 중력을 기술하는 하나의 방정식을 완성할 수 있었어. 방정식이 올바르게 만들어졌다는 것을 증명하기 위해 수성의 근일점 이동을 제대로 설명할 수 있는지 확인하는 작업에 들어갔고 여러 차례 오류를 수정한 끝에 아인슈타인은 자신의 방정식이 수성의 근일점 이동을 완벽하게 설명하고 있다는 것을 알았지. 그리고 1915년 11월 25일 아인슈타인이 이 결과를 프러시안 과학 아카데미 총회에서 발표하게 돼.

누가 감히 시공간을 휘게 하였는가?

앞에서 시공간의 휘어짐은 계량의 변화율로 주어지는 기울기인 곡률로 표현할 수 있다고 했지? 그런데 그 수학적인 토대는 이미 리만, 리치, 레비치비타와 같은 수학자들에 의해 정립되어 있었어. 그렇게 휘어진 공간을 표현하는 언어를 만들어 놓았던 거야. 아인슈타인은 이를 학습했고, 그 근원을 파헤치기 시작했지. 즉, '무엇이 시공간을 휘게 만들었을까' 하는 질문에 대한 해답을 찾기 시작했고, 마침내 그것이 질량을 가진 물질이라는 것을 알아냈어. 그리고 그것이 표현되는 올바른 방식을 찾아내는 데 10여 년의 세월을 절치부심한 것이야. 곡률을 어떻게 물질과 결합시켜야 하는지를 탐구한 것인데, 말로는 간단해 보이지만 그게 단순히 쉽게 이루어지는 방식이 아니었고 수십여 차례의 시도와 실패를 반복했지. 낙담한 아인슈타인에게 그것이 맞는지를 시험해 볼 수 있는 몇 가지 규칙이 있었어. 그중 하나는 뉴턴의 중력이론을 포함할 수 있어야 한다는 것이고, 다른 하나는 수성의 근일점 이동의 오차를 보정할 수 있어야 한다는 점이었지.

그리고 마침내 물질과 시공간이 결합되는 아름다운 방정식을 찾아내기에 이르렀는데, 그것이 바로 **아인슈타인 장 방정식**(Einstein Field Equation)이야. 물질의 존재가 시공간의 모양을 변형시키고, 그러한 변형이 다시 물질의 운동에 영향을 줄 수 있다는 상호작용을 하나의 방정식으로 표현한 것이지. 아인슈타인은 리만이 고안했던 휘어진 시공간을 기술하는 수학을 사용해서 우리가 살고 있는 세상은 어떤 방식으로 휘어지는지 그 법칙을 찾아낸 것이고, 세상은 특별한 방식의 곡률의 조합으로 작동하고 있다는 것을 발견한 것이지. 아인슈타인은 그것을 **아인슈타인 텐서**(Einstein Tensor)라는 양으로 정의했어.

자, 문제의 그 방정식을 한번 구경해 볼까? 아인슈타인 장 방정식은 다음과 같이 표현할 수 있어.

$$R_{ab} - \frac{1}{2} g_{ab} R = \frac{8\pi G_N}{c^4} T_{ab}$$

겉으로 보기에도 복잡하고 어려워 보이는 방정식이지만 이것을 지금 모두 이해할 필요는 없어. 실제로 아주 높은 수준의 고급 수학과 물리학 공부를 하지 않으면 이를 이해하기는 쉽지 않

마르셀 그로스만 [출처: 위키피디아]

그로스만은 오랜 기간 아인슈타인과 동료이자 친구였다. 학창 시절부터 필기한 노트를 빌려주며 함께 공부하고 토론했던 그로스만은, 구속을 싫어하고 자유분방한 아인슈타인과 달리 꼼꼼하고 치밀했기에 아인슈타인에게 큰 도움이 되었다. 물리학 수업이 '고리타분'하다고 여겼던 아인슈타인은 이따금 수업을 빠지고 뱃놀이를 갔는데 그러면서도 당시 최신이론이었던 '맥스웰 전자기이론'만은 볼 만한 가치가 있다고 생각했는지 뱃놀이를 가면서도 노트를 빌려 탐독하곤 했다. 학교 졸업 후 이렇다 할 일자리를 구하지 못한 아인슈타인을 위해 그로스만은 자신의 아버지에게 요청해 아인슈타인이 스위스 베른에 있는 특허국에서 일하게 도와주었다. 두 사람은 아이디어를 나누며 연구에 힘을 아끼지 않았고 때때로 그로스만은 아인슈타인에게 생활비를 지원해 주는 등 물심양면으로 도움을 아끼지 않았다. 또한 뒤틀린 시공간의 중력이론을 함께 연구하고 토론했지만 아인슈타인이 수학적 방법을 몰라 이것을 어떻게 표현하고 구성해야 할지 고민에 빠지자 그로스만은 그 길로 도서관을 뒤져 리만 등이 저술한 비유클리드 기하학에 관한 논문을 찾아 아인슈타인에게 내밀었다. 이 저작들은 아인슈타인이 원했던 수학에 대해 자세히 설명하고 있었기에 아인슈타인은 기쁨의 눈물을 흘렸고, 일반상대성이론은 그렇게 우리에게 다가올 수 있었다.

아. 이 책에서도 이 부분에 대한 자세한 해설은 생략하고 개념적인 부분만을 언급하고 넘어가려고 해.

앞서 설명한 대로 계량을 알고 있으면 자연스럽게 아인슈타인이 정의한, 특별한 시공간의 휘어짐 정도를 조합한 아인슈타인 텐서라는 양이 좌항을 통해 얻어지게 돼. 아인슈타인 텐서는 앞에서 잠깐 소개한 곡률을 나타내는 텐서인 리치텐서, 리치스칼라의 조합으로 구성되어 있는데 우항에 있는 것은 **물질 텐서**(T_{ab})라는 양이야. 따라서 물질에 따른 시공간의 변화(우항→좌항)가 일어나게 되고, 반대로 시공간의 변화가 물질의 운동에도 영향을 주게(좌항→우항) 되는 거지.

아인슈타인 장 방정식은 보기에는 한 줄의 간단한 방정식처럼 보이지? 하지만 보기와 다르게 이 방정식은 텐서라는 양으로 함축된 텐서 방정식이야. 그 변수는 3차원의 공간과 1차원의 시간이며, 모두 열 개의 방정식이 서로 얽힌 연립 비선형 미분 방정식을 압축해서 한 줄로 적은 것이야. 어렵지? 그럼 한번 풀어서 써 볼까?

$$R_{tt} - \frac{1}{2} g_{tt} R = \frac{8\pi G_N}{c^4} T_{tt},$$

$$R_{tx} - \frac{1}{2} g_{tx} R = \frac{8\pi G_N}{c^4} T_{tx},$$

$$\cdots$$

$$R_{zz} - \frac{1}{2} g_{zz} R = \frac{8\pi G_N}{c^4} T_{zz}$$

각 항에 있는 소문자(a,b)는 각각 시공간의 성분인 네 개의 성분을 가지고 있어. 즉, $a = (t,x,y,z)$, $b = (t,x,y,z)$가 되는 거지. 그런데 그 성분이 두 개가 있으니 총 열여섯 개의 성분을 가진 방정식이 있는 거야. 텐서가 가진 대칭성의 성질로 중복되는 여섯 개의 성분이 사라지고 총 열 개가 남게 돼. 또한 방정식이 가지고 있는 구속 조건을 고려하고 나면 총 여섯 개의 독립적인 연립방정식이 남게 돼. 이 일반적인 아인슈타인 방정식은 오늘날 슈퍼컴퓨터로도 해석이 불가능한 매우 복잡한 방정식이야. 이 방정식은 아주 특별한 가정 같은 제한적인 상황에서 해석적으로 혹은 수치적으로 풀이를 얻을 수 있어.

이처럼 아인슈타인 장 방정식은 많은 것이 함축된, 복잡하지만 간단하게 표현된 방정식이며 이는 물질과 시공간 사이의 관계인 중력을 표현하는 집약체라고 할 수 있지. 그리고 이 한 줄의 방정식이 앞으로 설명할 천체의 운동과 우주의 진화를 설명하는 데 부족함이 없다는 사실! 정말 놀랍지 않니? 다음 장부터는 온몸에 전율이 오는 이 사실을 하나하나 소개해 보려고 해. 잠시 쉬었다가 다시 모이자!

숨은 이야기 2

1915년 11월 25일, 아인슈타인이 일반상대성이론을 발표하기 5일 전, 괴팅겐의 왕립과학학회에서 다비트 힐베르트(David Hilbert, 1862~1943)라는 수학자가 일반상대성이론과 동일한 이론을 발표했다. 발표 몇 개월 전, 아인슈타인은 힐베르트의 초대를 받아 괴팅겐에서 왜곡된 시공간과 중력의 법칙에 대한 강의를 했고 힐베르트 역시 같은 문

다비트 힐베르트 [출처: 위키피디아]

제로 씨름을 하고 있었다. 결국 두 사람은 같은 결론에 도달했지만, 힐베르트의 접근 방식은 아인슈타인의 그것보다 매우 유려하고 깔끔한 수학적 전개과정을 보여 주었다. 그럼에도 방정식에 힐베르트 대신 아인슈타인의 이름이 붙은 것은 아인슈타인의 접근이 물리적 타당성 등을 토대로 하였기에 좀 더 설득력이 있었기 때문이며 힐베르트 역시 이에 동의했다. 다만 아인슈타인의 장 방정식이 유도될 수 있는 물리적 작용량은 힐베르트의 공을 인정하여 오늘날에는 아인슈타인-힐베르트 작용량(Einstein-Hilbert Action)이라고 부르고 있다.

이 장에서 더 읽을거리

《이종필의 아주 특별한 상대성이론 강의》 이종필 지음, 동아시아, 2015.

5장

별을 노래하는
마음으로

별로 빛나는 우주

혹시 별 보는 것을 좋아하니? 지금에야 대기오염 때문에 서울에서는 별을 볼 기회가 별로 없고, 요즘에는 '빛공해'라는 말이 등장할 정도로 도시의 불빛이 너무 밝아 상대적으로 빛이 약한 별을 밤하늘에서 찾아보기가 쉽지 않지. 그래도 다행히 강원도 산골에 가면 하늘에 수놓인 은하수를 볼 수 있으니 아주 오래전에는 밤하늘에 얼마나 많은 별이 보였겠어? 밖에만 나오면 쏟아질 듯한 별들이 머리 위에 있었을 테니 말이야. 이렇게 우리 조상들이 살던 시대부터 현재까지 우리 머리 위에는 항상 별들이 있었고, 적어도 우리가 보고 있는 별들은 영원할 것이라고 믿게 마련이지. 그래서 별들의 영원 불변성을 기리며 별에 이름을 붙이거나 자신의 감정을 투영하고 소원까지 빌고 했잖아. 그리스 신화에 등장하는 수많은 신과 인간은 하늘로 올라가 별이 되었고, 별자리로 남아 오늘날까지 전해지고 있는 것처럼 말이지. 그런데 말이야, 그게 전설만은 아니고 엄밀히 말해서 하늘로 올라가 별이 되었다는 것이 천문학의 관점에서도 그리 틀린 말은 아니야. 별을 구성하는 원소로 되돌아갔다는 관점에서 죽음에 대한 매우 시적이면서도 과학적인 표현인 거야. 어때? 아름답지 않니?

별자리는 옛날 항해사들에게 칠흑 같은 어둠의 바다 위에서 올바른 목적지까지 안전하게 인도해 주는 등대와 같은 것이었어. 그렇게 별을 바라보며 문학적 감흥에서부터 호기심과 상상력의 나래를 펴는 그것이 천문학의 시작이라 할 수 있지. 그렇게 천문학이라는 학문은 인류의 역사를 통틀어 보아도 매우 오래된 학문 중 하나인데, 그것은 인류가 탄생한 뒤 밤하늘의 별빛을 맨눈으로 바라보면서 신비로움과 호기심을 느끼는 순간부터 시작되었다고 할 수 있기 때문이야. 인간의 눈은 빛을 받아 시각세포에서 뇌로 전달하는 과정을 통해 대상을 시각화하고 인지하게 되어 있어. 그리고 인간이 존재하기 훨씬 오래전부터 별이라는 대상은 빛을 내고 있었지. 인간이 별을 관찰하고 질문을 던지는 순간 이제 그 별의 위치와 운동에 대해서 어떤 규칙을 발견하게 된 거야.

인간의 인지능력은 중세를 거쳐 근대로 오면서 더욱 발달하였고, 덕분에 밤이면 떠오르고 영원할 것처럼 보였던 별이라는 대상이 우리가 살고 있는 지구와 다르지 않은 우주의 일부라는 것을 알게 되었어. 그리고 차차 천체의 운동에 관심을 가지고 그것을 정확하게 묘사하고, 그 운동의 원리를 명확하게 밝히고자 하는 노력이 이어졌단 말이야. 신의 섭리에 맞닿아 있다고 여겨진 천문학은 근대과학의 가장 아름답고 인기 있는 고상한 학문으로 간주되었어. 티코 브라헤, 갈릴레오 갈릴레이, 요하네스 케플러, 아이작 뉴턴을 거치면서 천체의 **운동역학**°이 정립되었고, 그 운동의 중심에는 중력의 법칙이 자리를 차지하고 있음을 알게 되었지. 2장에서 언급했던 것처럼 1850년대에 이미 수성의 세차운동이 위르뱅 르베리에 의해 최초로 보고될 정도로 행성의 운동과 새로운 행성을 찾는 역학적 관계에 대한 연구가 놀라운 진전을 보이고 있어. 그리고 뉴턴의 중력이론의 한계 등이 속속들이 증거로 알려지고 있었지.

우주를 이해하기 위한 눈물 나는 노력

그러나 이러한 이론적 성공들은 여전히 관측되는 사실들에 대한 현상을 모사하는 데 지나지 않았고, 별의 생성과 진화와 같은 본질적 문제에 접근하지 못했다는 한계를 지니고 있었지.

1915년 아인슈타인이 발표한 일반상대성이론을 처음 접한 독일의 천문학자인 카를 슈바르츠실트(Karl Schwarzschild, 1873~1916)는 아인슈타인의 장 방정식에 아주 간단한 가정을 하여 그 첫 풀이를 구해 냈어. 포츠담 천문대장으로 근무하던 그는 제1차 세계대전이 발발하자 자원하여 참전했고, 전쟁터에서도 자신의 물리학, 천문학 계산 능력이 포탄의 탄도 계산과

역학(Mechanics)은 힘의 관계를 통해 물체의 운동과 정지 상태 등을 설명하는 학문이야.

5-1 카를 슈바르츠실트
[출처: 위키피디아]

같은 데에 발휘되기를 희망했었단다. 제1차 세계대전의 포화 속에서도 연구에 대한 열정이 줄어들지 않았던 슈바르츠실트는 이미 아인슈타인의 업적을 받아 보고 있었고, 전선에서도 아인슈타인 방정식의 가장 간단한 풀이를 구하고자 했지.

 일반적인 방법으로는 풀이가 불가능할 정도로 복잡하게 얽힌 방정식을 풀기 위해 슈바르츠실트는 아주 간단한 가정으로부터 출발했지. 공 모양의 대칭성을 가지고, 시간에 따라 변하지 않는 정적(靜的)인 시공간이 있다고 가정을 한 그의 계량 텐서를 통해(슈바르츠실트 계량) 풀이를 얻어 낸 그 해는 놀라운 사실을 담고 있었단다. 놀랍도록 간단한 슈바르츠실트의 풀이는 어떤 특별한 성질을 내포하는 곡면을 제외하면 별의 중력에 의해 휘어진 바깥 시공간의 모양을 아주 잘 표현하고 있었어. 그 특별한 성질을 가진 곡면은 훗날 블랙홀이라 불리게 될 것이었지만, 슈바르츠실트는 이 풀이를 구했으면서도 자신의 업적에 대한 충분한 음미와 탐구를 할 시간을 얻지 못했지. 왜냐하면 슈바르츠실트는 그 해를 구한 지 불과 4개월 뒤에 전장에서 천포장이라는 병을 얻어 세상을 떠났기 때문이야. 아, 이런 안타까울 데가 다 있나. 그래도 슈바르츠실트가 구한 해를 담은 논문은 아인슈타인에게 편지로 보내져 세상에 공개되었지. 아인슈타인은 이렇게 빠르고 놀라울 정도로 간단한 형태로 방정식의 해가 구해질 거라고 생각하지 못했고 풀이 방법에도 경탄했다고 해. 이 해가 묘사하는 구면 바깥의 시공간은 빛이 휘어지는 경로에 대한 정확한 묘사가 가능했고, 행성의 운동들과 수성의 세차운동 등에 대해 명확하게 설명이 가능했던 거지.

하지만 여전히 설명되지 않는 정체불명의 곡면, 이것은 당시 학자들의 마음속에 해소되지 않는 의문점으로 남아 있었어. 오늘날에는 곡면의 정체가 무엇인지 이해하고 있지만 당시에 이 존재는 제대로 가늠해 볼 수 없었던 낯설고 기이한 것이었거든. 학자들은 이 곡면으로 다가갈수록 시간이 점차 느리게 흐르다가 이 곡면에 도달하면 시간이 멈추는 것을 관찰할 수 있었던 거야. 그리고 곡면에서 출발한 빛은 곡면 안쪽의 강한 중력에 이끌려 곡면을 절대 빠져나올 수 없었지. 그래서 빛은 우리 눈에 도달하지 못할 것이므로 곡면은 영원히 암흑으로 보이리라 예측되는 거야. 학자들 중에는 이것이 정말 우주에 실존할 것인가 하는 의문을 가진 사람이 있을 정도로 존재 여부조차 가늠되지 않았어. 그럼에도 불구하고 이 슈바르츠실트의 풀이가 아인슈타인을 비롯한 학자들에게 인정받을 수 있었던 것은 존재 여부 외의 많은 것을 설명해 주는 단순함, 명료함, 아름다움 때문이었단다. 슈바르츠실트의 해는 다음 수식처럼 표현할 수 있어.

$$g_{ab} = \begin{pmatrix} -(1-r_s/r) & 0 & 0 & 0 \\ 0 & \dfrac{1}{(1-r_s/r)} & 0 & 0 \\ 0 & 0 & r^2 & 0 \\ 0 & 0 & 0 & r^2\sin^2\theta \end{pmatrix}$$

g_{ab}는 앞에서 이야기한 계량이라고 하는 양인데, 이는 일반적인 시공간에서 길이를 정의할 때 시공간의 왜곡된 모양을 담고 있는 함수야. 그 길이는 다음과 같은 수식으로 정의된단다.

$$S^2 = g_{ab}X^aX^b$$

앞선 식에서 거리 r이 r_s에 비해서 아주 큰 곳, 그러니까 블랙홀에서 멀리 떨어져 있다면 그때의 시공간은 블랙홀을 거의 느끼지 못하겠지. 그러면 그 함수는 $1-\dfrac{r_s}{r} \rightarrow 1$이 될 거야. 이렇게 생긴 계량은 평평한 시공간을 의미하지. 그때 정의되는 길이는 앞에서 이야기한 피타고라스 정리에 의해서 주어지는 거고.

윗 식에서 r_s는 앞서 이야기한 **슈바르츠실트 반지름**(Schwarzschild Radius)이라 부르는 기묘한 곡면에 해당하며 그

값은 $r_s = \dfrac{2G_N M}{c^2}$이고, 여기에서 M은 질량, c는 빛 속도, G_N은 뉴턴 상수야. 만약 질량이 지구 질량의 33만 배가 넘는 태양 정도라고 가정한다면 슈바르츠실트 반지름은 약 22.5킬로미터 정도 되는 거지. 실제 태양의 반지름이 약 69만 5000킬로미터이니 만약 태양 전체가 슈바르츠실트 반지름 안에 모두 들어간다면 반지름의 밀도가 엄청나게 높아지겠지. 이 식은 복잡해 보이지만 아인슈타인의 방정식을 만족하는 아주 간단한 해란다. 그렇다고 너희가 이 책에서 이 식을 완전하게 이해할 필요는 없어. 아무리 쉬운 편이라고는 하지만 적어도 대학교 이상의 고등교육을 받아야 이해가 가능한 수준이니까 이해를 하지 못했다고 해서 좌절할 필요도 없을 거야. 다만 유명한 슈바르츠실트 해를 한번 보고 가는 것도 선구자들이 이룩한 업적의 과정을 경험해 보는 차원에서 좋은 일이라고 할 수 있겠지.

뭉쳐야 산다!

물질은 중력에 의해 서로를 끌어당겨 뭉치기 시작하지. 중력의 본성이 서로 간의 인력으로 물질을 결합하도록 만드는 것이기 때문에 중력을 고려한 물질의 작용은 매우 자연스럽게 물질의 응집을 야기할 거야. 이 수축은 자연스럽게 지속적으로 이어진다고 상상할 수 있고, 이런 방식으로 별이 생성되었을 것으로 추측할 수 있지. 그런데 혹시 기압이란 말을 알고 있니? 아마 날씨 뉴스에서 고기압이나 저기압이란 말을 들어 본 적이 있을 거야. "기분이 저기압이면 고기 앞으로 가라" 이런 거 말고. 인식하지 못하지만 우리는 늘 기압의 영향을 받고 있고 보통 피부 1제곱센티미터당 약 10뉴턴의 힘을 받는다고 해. 그럼에도 불구하고 우리 몸이 찌그러지지 않는 이유는 외부 기압 만큼의 힘이 몸 안에서 밖으로 작용하고 있기 때문이야. 그렇다면 별도 유한한 크기를 유지하기 위해서는 지속적으로 수축하는 중력을 버텨 주는 반발력이 필요하다는 것을 추리할 수 있겠지? 그런 반발력을 일으키는 자연스러운 과정이 일어나게 될 것이라고 추측한 이는 일반상대성이론의 열렬한 지지자였던 아서 에딩턴 경이었단다. 그는 1926년 《별의 내부 구성(The Internal Constitution of the Stars)》이라는 항성물리학의 교과서에서 별의 유한한 크기가 지탱되는 이유에 대해 추론하였는데, 바로 수소와 헬륨에 주목했지.

수소는 자연계에 존재하는 가장 간단한 원소로 양성자 하나와 전자 하나로 이루어진 원소(《원소 쫌 아는 10대》를 보면 쫌 더 자세한 내용을 알 수 있을 거야)지. 양성자의 질량이 전자 질량의 약 1800배 정도이니 수소 원자의 질량은 대부분 양성자의 질량이라고 봐도 될 거야. 그리고 헬륨은 주기율표에서 그다음으로 간단한 원소지. 헬륨은 양성자 두 개, 중성자 두 개, 전자 두 개로 구성된 원소이고, 중성자는 양성자와 질량이 거의 같기 때문에 헬륨의 질량은 거의 수소 네 개의 질량에 해당한다고 추론할 수 있어. 그러나 실제 헬륨 원자의 질량은 수소 네 개를 합한 질량보다 약 0.7퍼센트가량 작아. 이는 수소가 헬륨으로 변화하는 융합 과정에서 반응을 통해 에너지가 방출되었을 것으로 추정할 수 있는 대목이야. 아인슈타인의 특수상대성이론*에서 말했듯이 질량의 결손이 에너지로 변화되어 나간 대표적인 사례인데 그 유명한 $E = mc^2$ 을 말하는 거지. 에딩턴은 이 추론으로부터 별의 구성 물질들이 이러한 반응을 통해 에너지를 방출하게 된다면 이는 충분히 중력을 버틸 수 있는 힘을 제공할 것으로 추론했어.

이 추론은 놀랍도록 정확해서 실제로 이러한 수소연소반응에서 수소 원자 네 개가 융합반응을 일으켜 헬륨을 생성하며 빛, 양전자, 중성미자 등이 방출된단다. 이런 반응은 중력수축(주변의 물질들이 중력 중심을 향해 떨어지며 모여드는 현상)으로 중심부의 압력이 크게 증가하고 이로 인해 내부가 충분히 뜨거워지면 일어나는 거야. 즉, 중력수축으로 물질을 압축하면 핵융합반응으로 인해 수축이 멎는 지점이 생겨나게 되지. 이처럼 거시세계의 끌어당김(중력)과 미시세계의 밀어냄(핵융합)이 별의 크기를 유지시켜 주고 밤하늘에 별이 빛나게 하는 거란다.

별, 우주의 화학공장

앞에서 중력에 의해 물질이 끌어당겨진다고 했지? 별은 그 과정을 반복하면서 만들어지는데 우주 초기에는 생성된 물질의 대부분이 수소였어. 수소는 양성자 한 개와 전자 한 개만으로 구성된 가장 간단한 원소여서 만들기도 쉬웠거든. 때문에 빅뱅 이후 가장 풍부한 원소였지.** 이 수소가 응축해서 별이 되고 내부의 온도와 압력이 올라가면서 핵융합반응이 일어날 수 있을 만한 충분한 상황이 되면, 별 내부에서는 헬륨이 생성되고 이후 리튬, 산소, 질소, 탄소 같은 다른 원소들이 합성되게 돼. 이렇게 생성된 원소들은, 핵융합과정에서 연료를 모두 소진한 별이 수명을 다하고 폭발하면서 우주에 뿌려지게 되지. 이후 이 원소들은 중력에 의해 다시 모이고 결국 새로운 별의 원료가 되는 거야. 물이 바다로 흘러들었다가 증발해서 구름이 되고, 구름이 뭉쳐 비가 되어 내리고, 하천으로 흘러 들어가 바다에 다시 모이고, 다시 증발해서 구름이 되는 과정과 비슷하지 않

특수상대성이론(Theory of Special Relativity)은 등속도로 운동하는 물체가 거의 빛의 속도에 가깝게 되면 나타나는 효과에 대해서 말하고 있어. 즉, 그렇게 빠른 운동을 하게 될 때 물질이 에너지로 변할 수 있는 일들이 일어난다는 것이야.
《빅뱅 쫌 아는 10대》, 《물질 쫌 아는 10대》, 《원소 쫌 아는 10대》가 참고가 될 거야.

원소의 기원

1 H								
3 Li	4 Be							
11 Ne	12 Ng							
19 K	20 Ca	21 Sc	22 Ti	23 V	24 Cr	25 Mn	26 Fe	27 Co
37 Rb	38 Sr	39 Y	40 Zr	41 Nb	42 Mo	43 Tc	44 Ru	45 Rh
55 Cs	56 Ba		72 Hf	73 Ta	74 W	75 Re	76 Os	77 Ir
87 Fr	88 Ra							

57 La	58 Ce	59 Pr	60 Nd	61 Pm	62 Sm
89 Ac	90 Th	91 Pa	92 U		

5-2 주기율표에 있는 원소들을 생성 원인에 따라 색깔로 구분해 놓은 표야. 어때? 이 많은 원소의 생성 원인이 사실은 제각각이라는 게 신기하지 않니?

2 He

5 B	6 C	7 N	8 O	9 F	10 Ne

13 Al	14 Si	15 P	16 S	17 Cl	18 Ar

28 Ni	29 Cu	30 Zn	31 Ga	32 Ge	33 As	34 Se	35 Br	36 Kr
46 Pd	47 Ag	48 Cd	49 In	50 Sn	51 Sb	52 Te	53 I	54 Xe
78 Pt	79 Au	80 Hg	81 Ti	82 Pb	83 Bi	84 Po	85 At	86 Rn

63 Eu	64 Gd	65 Tb	66 Dy	67 Ho	68 Er	69 Tm	70 Yb	71 Lu

중성자별의 병합
질량이 작은 별들의 종말
무거운 별들의 폭발
백색왜성의 폭발
빅뱅
우주선 분열
인공합성

니? 결국 별들은 새로운 원소를 생산해 내고 우주에 뿌림으로써 자연에 존재하는 원소들을 만들어 낸 것이란다.

우주 초기에는 수소가 뭉쳐져 만들어지고 거대한 질량을 가진 별들이 존재했을 거야. 그러한 별들은 붕괴로 이어져 폭발을 일으키기도 하고 블랙홀이 되기도 했어. 별 내부에서 핵융합 반응을 일으키고 생성 초기의 별의 질량에 따라서 별의 진화 과정도 다르지. 그리고 그에 따라서 별 내부에서 생성되는 원소도 다양해지는 거야. 수소 연소를 통해 헬륨을 생성했던 별들은 수소가 바닥나면 다음으로 헬륨을 태우기 시작하고 차례로 산소, 탄소 등이 연소하기 시작하지. 이후 철이 연소하기 시작하면 드디어 별의 마지막 단계가 되었다고 할 수 있어. 왜냐하면 철은 원자핵의 결합 에너지가 가장 강한 안정된 원소에 해당하거든. 철이 연소하는 단계가 임박하면 이제 별은 초신성 폭발로 그 생을 마감하게 되지. 그렇게 별은 생성과 소멸을 거듭하면서 우주에 새로운 원소들을 흩뿌려 놓게 된단다. 다음 장에서 설명할 백색왜성과 중성자별 역시 생성된 밀도가 아주 높은 **밀집성**(Compact Stars)이라고 할 수 있어. 이제 왜 별이 우주의 화학공장이라고 하는지 알겠지?

이 장의 첫 부분에서 죽어서 별이 된 그리스 신화의 신과 인간의 이야기를 꺼냈어. 죽어서 별이 됐다는 게 신화에서만 존재하는 게 아니라는 말이 기억나지? 문학적으로나 과학적으로

나 매우 의미 있는 비유라고 생각해. 우리를 구성하고 있는 이 원소들도 모두 별에서 온 것이고 다시 죽는다면 우리는 새로운 별로 돌아가게 될 거야. 이렇게 보면 정말로 우리는 별의 후예이고, 앞으로 새로운 별을 태어나게 하는 새로운 씨앗과 양분인 거지.

다음 장에서는 별의 내부에서 어떻게 중력이 동작해서 고밀도의 죽은 별로 진화하게 되며 이들이 우리에게 어떻게 받아들여지게 되었는지를 이야기해 볼게. 기대해도 좋아!

이 장에서 더 읽을거리

《**블랙홀과 시간여행**》킵 손 지음, 박일호 옮김, 반니, 2016.
《**블랙홀의 사생활**》마샤 바투시액 지음, 이충호 옮김, 지상의책, 2017.
《**완벽한 이론: 일반상대성이론 100년사**》페드루 G. 페레이라 지음, 전대호 옮김, 까치, 2014.

6장

버틸 수 없는
중력의 무거움

별이 빛나는 밤에 하늘을 보며 연인들 간에, 부자간에, 부부간에, 우리는 항상 습관적으로 별의 영원함을 빗대어 사랑의 영원함을 이야기하곤 하지? 닭살 돋는다고? 그래서 준비했어. 윗니와 아랫니를 한 단어로 하면? 상하이! 이런 아재개그보다 더 듣기 힘든 이과개그라는 게 있어. 남들 다 별빛을 보며 "우리 사랑은 영원할 거야. 저 별빛처럼!"이라며 감성을 이야기하는데 "별은 영원하지 않아, 별의 에너지원인 핵융합, 그게 끝나면 별은 끝장나는 거야!"라며 팩트 폭행을 저지르는 이과생들이 있지. 그럴 때마다 우리의 낭만과 로맨틱한 기분은 날아가버리고 "쓸모없는 이과들!"이나 "이과가 또" 아니면 "이과 망했으면"이라는 비난을 하게 되지. 하지만 어쩌겠어? 이것은 엄연한 과학적 사실인걸.

별의 탄생과 진화과정을 통해 별의 크기가 유지되는 과정은 중력을 통해 물질이 모여 수축하고 내부의 압력과 온도가 증가하여 수소가 연소되는 순서로 일어나. 즉, 수소가 헬륨으로 바뀌는 등의 핵융합반응에서 생기는 외부로의 복사에너지와 중력으로 인한 수축 작용과의 평형을 통해 이루어지지. 에딩턴은, 연료가 모두 소진된 별은 앞으로 어떻게 되는지 의문을 가졌고 최종적으로는 별 역시 중력으로 인한 붕괴를 피할 수 없을 것임을 추론했단다. 그러나 그것이 정말 일어나 별의 크기를 상상 이상으로 수축시키고 그런 비상식적인 천체가 하늘에 존재할 것인가에 대한 의문은 당대의 학자들에게는 논쟁의 대상이었어. 그리고 에딩턴 역시 실제로 그런 일이 일어날지 여부에 대해 매우 회의적인 입장을 가졌지. 오히려 에딩턴은 무언가 상식적으로 상상할 수 없는 그런 파국을 막는 과정이 존재할 것이라고 강하게 믿었던 사람이었어.

그런데 그것이 실제로 일어났습니다

1915년 미국 캘리포니아주 윌슨산 천문대(Mount Wilson Observatory, MWO)의 월터 시드니 애덤스(Walter Sydney Adams, 1876~1956)는 큰개자리의 알파성●인 시리우스의 동반성●●을 관측했고 이것이 **백색왜성**(White Dwarf)임을 알게 되었지. 시리우스의 주성이었던 시리우스 A는 태양 크기의 약 1.7배에 질량도 두 배 정도 되는데 지구에서 보이는 천체 중 태양계에 있는 천체를 제외하고 가장 밝게 빛나는 별이야. 반면 동반성으로 나중에 발견된 시리우스 B는 크기는 지구와 비슷한 수준인 데 비해 질량은 태양과 거의 비슷한 크기를 가진 밀도가 매우 높은

●특정 별자리 지역에서 가장 밝은 별을 알파성이라 불러.
●●쌍성 중에서 밝은 별을 주성이라 하고 이보다 어두운 다른 짝을 동반성이라 불러.

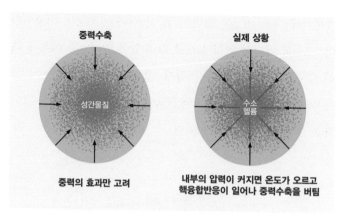

6-1 중력수축과 핵융합반응. 중요한 건 두 힘이 서로 조화를 이뤄야 한다는 사실!

별이지.

별이 수명을 다한 뒤에는 어떻게 될 것인가를 연구하던 학자들 중 한 명인 랠프 파울러 경(Sir Ralph H. Fowler, 1889~1944)은 1926년 양자물리학의 기본 원리를 적용하여 백색왜성의 탄생 과정을 설명했어. 연료를 모두 소진한 별은 중력에 의한 수축을 막을 수가 없어서 수축하기 시작하지. 그 과정을 통해 원자들의 핵이 조밀해지고 그와 동반한 전자들도 운동하기에 충분한 공간을 확보하지 못하게 되는 거야. 양자물리학의 기본 원리 중 하나인 **불확정성의 원리**(Uncertainty Principle)*에 의해 위치가 조밀해지면 전자의 운동이 더욱 격렬해지지. 게다가 조밀한 공간에서 전자는 **파울리의 배타 원리**(Pauli's Exclusion

Principle)에 의해 동일 상태로 같은 공간을 점유하지 못하게 돼서, 그렇게 극도로 압축된 환경에서의 전자는 극심한 상호간의 충돌로 인해 중력을 버틸 수 있는 충분한 압력을 제공하게 되지. 이를 **전자 축퇴압**(Electron Degeneracy Pressure)이라 부르는데 이 평형상태로 별은 한 번 더 수축을 멈출 수 있게 되고 이를 백색왜성이라 부르는 거야. 파울러 경은 별은 여전히 희미하게 빛나지만 역동적이던 이전과 달리 식어 버린 창백한 모습으로 파국을 맞는 것이 최종적인 별의 종말이 될 것이라 생각했어. 그러나 이 파울러의 설명에서 전혀 고려되지 않았던 사항이 있었는데, 그것은 특수상대성이론의 효과였어. 입자의 속도는 아무리 가속되어도 빛의 속도를 넘을 수 없는데, 파울러의 연구 결과를 면밀히 관찰하고 탐구했던 사람이 있었거든. 바로 19세의 인도 청년 수브라마니안 찬드라세카르(Subrahmanyan Chandrasekhar, 1910~1995)였어.

양자역학에서 입자의 위치와 운동량 사이에 정확한 측정을 담보할 수 없는 최소 단위가 존재한다고 하는 원리로 그 값은 플랑크 상수(Planck Constant)에 해당해. 이 부분은 10장에서 다시 언급하도록 할게.

시대를 앞서간 천재의 비극

일찍이 수학에 재능을 보였던 찬드라세카르는 영국 케임브리지 대학에서 박사 과정을 밟기 위해 떠나는 배 안에서 파울러의 연구를 탐독했고, 연구에 중요한 무언가가 빠져 있음을 간파했지. 파울러의 연구를 따라가던 찬드라세카르는, 무거운 별이 수축하는 과정에 있는 별의 중심부 전자들의 속도를 확인해 보니 거의 빛의 속도에 다다른다는 사실을 알게 되었어. 검토 끝에 파울러의 연구에는 특수상대성이론의 효과가 고려되지 않았다는 사실을 알아차린 뒤 이를 보정하기 시작했고 그 결과 놀라운 발견을 하기에 이르렀지. 찬드라세카르의 이름을 따서 현재 **찬드라세카르의 한계**(Chandrasekhar Limit)라고 불리는 이 발견은 백색왜성의 질량은 태양 질량의 1.4배를 넘을 수 없으며 만약 1.4배를 넘어서는 무거운 별들은 중력수축을 하게 될 때 전자들 간의 압력만으로는 이 수축을 멈출 수 없다는 것을 알려 주고 있지. 찬드라세카르가 이 위대한 발견을 한 시점이 언제라고? 박사 과정을 밟기 위해 영국으로 떠나는 배 안이라고 했으니 석사라는 얘기겠지? 박사 과정을 끝낸 교수들도 해내기 힘든 일을 석사 때 발견했으니 얼마나 훌륭한 사람인지 대략적이나마 알 수 있겠지? 천재라니까 천재. 이렇게 한 우물을 꾸준히 파서 인류 역사에 큰 획을 그을 만한 위대한 발견에는 자기

6-2 수브라마니안 찬드라세카르 - 지도교수와 갈등이 없었다면 블랙홀도 좀 더 빨리 발견되지 않았을까?
[출처: University of Chicago]

이름을 붙일 수 있어. 가장 유명한 혜성이라고 할 수 있는 핼리 혜성도 발견자인 에드먼드 핼리의 이름을 따왔으니 너희들도 포기하지 않고 좋아하는 것에 끈기를 갖고 몰두하면 너희의 이름을 후대에 남길 수 있을 거야.

그런데 말이야, 아이러니하게도 이 거대한 발견이 오히려 찬드라세카르의 인생을 바꾸어 놓는 불행의 시작이 될 줄 누가 알았겠어? 이 발견은 즉각 케임브리지 대학에서 당대 최고의 천문학자 중 한 명이자 찬드라세카르의 지도교수인 에딩턴의 심기를 불편하게 했지. 에딩턴에게 모든 별의 종말은 질량과 관계없이 백색왜성으로 끝나는 것이 간단하고 아름다워 보였던 거야. 실제로 찬드라세카르는 자신의 발견을 공식적으로 발표하였지만 오히려 에딩턴과의 큰 마찰로 오랜 기간 연구를 인정받지 못하게 되지. 찬드라세카르가 제시한 질량한계를 인정하게 되면 '무거운 별들의 종말=블랙홀'이라는 기이한 존재를 받아들여야 하는데 당시 천문학계의 지식으로는 이를 이해하기 어려웠거든. 그만큼 블랙홀은 당시 천문학자들에게는 인정할 수 없는 대상이었던 거야.

찬드라세카르는 에딩턴의 이런 반응에 매우 당혹해했으며, 실제로 백색왜성에 대한 찬드라세카르의 업적이 인정받기까지는 20여 년의 세월이 더 필요했어. 정말 너무한 일이지. 에딩턴이 사망한 뒤 40여 년이 지난 뒤인 1983년에야 찬드라세카르는 이 공로로 노벨 물리학상을 수상했으며, 에딩턴이 고집을 부리던 이론은 여지없이 틀린 것으로 판명 났단 말이야. 그런데 그사이 에딩턴을 비롯한 학계에서의 냉대와 무시로 마음고생이 심했던 찬드라세카르는 미국으로 이주하고, 다시는 블랙홀에 관한 연구에 손을 대지 않았어. 실제로 찬드라세카르의 머릿속은 백색왜성보다 무거운 별들의 종착점은 어떻게 될 것인가에 대한 궁금증으로 가득 차 있었음에도 불구하고 지도교수와의 갈등과 여러 일이 겹쳐서 연구 주제를 바꾸는 선택을 하게 되었지. 정말 아쉽고 또 아쉬운 일이 아닐 수 없어.

초신성, 중성자별, 그리고 중력수축

에딩턴과 달리 백색왜성보다 무거운 별의 종말이라는 문제에 대해 진지하게 생각했던 이는 발터 바데(Walter Baade, 1893~1960)와 프리츠 츠비키(Fritz Zwicky, 1898~1974)였어. 이들은 **초신성**(Supernova)˚ 폭발의 기원을 탐구할 때 불과 2년 전 제임스 채드윅 경(Sir James Chadwick, 1891~1974)이 발견한 중성자라는 입자에서 힌트를 얻었지. 초신성이란 멀쩡했던 별이 수일에서 수개월간 빛나다가 사그라지는 현상을 말해. 오늘날에는 발생의 메커니즘이 잘 정리되고 밝혀져 있었지만 두 사람이 활약하던 1930년대에만 하더라도 그 원인에 대해서 알려져 있는 게 전혀 없었단다. 이렇게 어둠 속에서 바늘을 찾는 것 같은 어려움 속에서도 바데와 츠비키는 연구를 거듭한 끝에 별의 중심부가 고온 고압의 상태가 되면 양성자와 양전자가 합쳐져 중성자로 변할 수 있을 것이라 생각했어. 그렇게 중성자들이 형성되어 종국에는 중성자들로만 구성된 별이 존재할 것이라고 생각했던 거지. 당시에는 정확히 묘사할 수 없지만 이렇게 엄청난 질량을 가진 채 작게 쪼그라든 별들이 생성되고, 어떤 과정을 통해 엄청난 폭발로 에너지를 분출하여 초신성 폭발이 일어난 것이라는 가설을 세웠어. 물론 이런 중성자들로 구성된 별의 존재를 학계는 그리 탐탁해하지 않았고, 여전히 많은 이는 에딩턴처럼 백색왜성이 별의 운명의 종착역이라 믿고 싶어 했어. 이 중성자별이 실제로 관측을 통해 실체가 확인된 것은 그로부터 30여 년이 지나고 난 뒤, 앤서니 휴이시(Anthony Hewish, 1924~)와 조셀린 벨 버넬(Dame Susan Jocelyn Bell Burnell, 1943~)

보통 신성(Nova)이란 밤하늘에 보이지 않던 별이 어떤 이유로 갑자기 빛나는 현상을 말해. 이는 백색왜성이 주변의 별로부터 에너지를 공급받아 다시 핵융합과정을 시작함으로써 밝아진다는 것이지. 초신성은 이 신성과는 다른 메커니즘으로 인해 생기는데 그 밝기가 신성과는 비교할 수 없을 정도로 밝다고 해서 붙여진 이름이야. 초신성의 메커니즘을 살펴보면 초신성은 중성자별의 형성이나 백색왜성의 열 폭주 등에 의해 발생한다고 해.

6-3 로버트 오펜하이머 - 한계 너머의 세계를 예측한 사람.
[출처: 위키피디아]

이 주기적으로 전파를 발생하며 빠르게 회전하는 중성자별인 **펄서**(Pulsar)를 발견하면서였지.

백색왜성보다 무거운 별의 최종 종착점으로 중성자별을 생각한 사람은 미국의 물리학자인 로버트 오펜하이머 (J. Robert Oppenheimer, 1904~1967)였어. 어쩌면 이 사람은 너희들도 알고 있을지 몰라. 제2차 세계 대전 당시 일본의 히로시마와 나가사키에 원자폭탄이 떨어져 전쟁이 끝났다는 것은 알고 있지? 이 원자폭탄을 만드는 작업을 맨해튼 계획(Manhattan Project)이라고 하는데 이 계획의 핵심 인물 중 하나였던 사람이 바로 오펜하이머야. 물론 오펜하이머는 자신이 주도해서 만든 것이 수많은 사람의 목숨을 앗아 갔다는 사실에 죄책감을 느끼고 원자폭탄의 다음 세대라고 할 수 있는 수소폭탄의 개발을 막기 위해 노력했던 사람이야. 이렇듯 과학자는 자신의 행동이 어떤 일을 가져오게 되는지 면밀히 검토하고 생각해야 해.

자, 그럼 다시 본문으로 돌아오자. 일찍이 러시아의 물리학자 레프 다비도비치 란다우(Lev Davidovich Landau, 1908~1968)는 별의 내부에서 중성자가 생성될 가능성에 대해서 일반적인 별의 내부에서 고온 고압에 의해 양성자와 전자가 합쳐져 중성자가 만들어지고 이것이 별이 지속적으로 유지되는 에너지를 공급한다고 주장했지. 결국 이 주장은 사실이 아닌 것으로 판명되긴 했지만 그 아이디어는 오펜하이머에게 적지 않은 영감을 주었단다. 오펜하이머는 일반상대성이론을 이용해서 붕괴가 시작되는 별의 종국에 초점을 맞췄어. 그와 함께 이 문제의 해결을 위해 의기투합한 이는 제자였던 조지 볼코프(George Volkoff, 1914~2000)였지. 그리고 일찍이 비슷한 문제를 제기하고 조력자로 조언을 아끼지 않았던 일반상대성이론의 대가 리처드 톨먼(Richard C. Tolman, 1881~1948)이 있었어. 오늘날 톨먼-오펜하이머-볼코프 한계(Tolman-Oppenheimer-Volkoff Limit)라고 알려진 이 연구의 결과는 찬드라세카르의 한계에서 봤던 백색왜성의 최대 질량이 태양의 1.4배라는 수치처럼 중성자별이 가질수 있는 질량의 최대 한계가 존재한다는 것을 말해 주고 있지. 백색왜성과 달리 중성자별의 내부 구조에 대한 명확한 이해가 있어야 하지만 오늘날 그것은 태양 질량의 약 2~3배 정도의 질량으로 결론 내려지고 있단다. 아직 중성자별의 내부구조가 미지의 탐구 영역이기에 정확한 예측은 할 수 없지만, 최근 발견된 두 중성자별의 질량은 실제로 태양 질량의 두 배를 조금 넘는 것이었어. 이렇게 오펜하이머의 연구에서 보듯이 중성자별에도 한계 질량이 존재한다는 사실은 더 무거운 별의 운명이 종국에는 블랙홀로 진화하는 길밖에 없음을 시사하는 것이지.

오펜하이머는 여기에서 멈추지 않았어. 이제 더 무거운 별의 파국은 피할 수 없는 운명처럼 보였거든. 일찍이 그는 1916년에 슈바르츠실트에 의해 발견된 기묘한 곡면을 가진 시공간의 해에 주목을 했고 물질의 중력수축에 대한 정밀한 계산을 계획했단다. 이번 프로젝트에 투입된 동료는 오펜하이머의 제자인 하틀랜드 스나이더(Hartland Snyder, 1913~1962)였어. 이들은 슈바르츠실트의 해를 이용해서 물질이 중력에 의해서 어떤 과정을 겪게 되는지 알아보기 위해 아인슈타인의 방정식을 풀었어. 그리고 그 결과는 놀랍게도 물질의 중력수축으로 인해 겪게 되는 일은 그 수축이 한없이 계속되어 종국에는 한 점까지 수축된다는 것이었어. 이 결론은 별이 어떻게 중력에 의해 생성되기 시작하는지부터 어떻게 진화하여 종말을 맞이하는지를 입증해 주었단다. 즉, 중력만으로는 별이 유한한 크기로 지탱하는 것은 불가능하며 중력에 의해서는 영원히 수축하여 한 점까지 쪼그라들고 말리라는 것이었어. 물론 이 결과가 어떻게 별이 유지되는가를 설명해 주지는 못하지만 중력만이 작용한다면 종국에는 수축해서 **특이점**(Singularity)이라 부르는 것으로 진화함을 시사해 주었지. 이를 당대에는 블랙홀이란 용어 대신에 **슈바르츠실트 특이점**(Schwarzschild Singularity)이라 불렀어. '특이점'에 대해서는 9장에서 자세히 다룰 예정이야.

자, 이제 별이 어떻게 크기를 유지하고 어떻게 진화해 가는

지에 대해서는 중력만으로 설명하기 어렵다는 것을 어렴풋이 이해하겠니? 오펜하이머-스나이더는 오로지 중력만을 고려했고 실제 물질 간에 일어나는 상호작용에 대한 고려는 전혀 하지 않은 상황이었던 거야. 앞서 설명한 대로 물질이 수축하면서 내부에 핵융합반응을 일으키고 이로 인해 중력에 저항하는 에너지가 발생하며 힘의 평형을 이루어 별의 안정화가 일어나게 되는데, 오펜하이머-스나이더가 발견했던 이 상황은 중성자별의 질량을 넘어서는 매우 큰 별들의 종말을 예언했던 것이지. 그것은 슈바르츠실트가 발견했던 그 해가 실제로 존재할 수 있다는 증거였어. 이제 학계는 서서히 **중력붕괴**(Gravitational Collapse)에 의한 별의 운명을 받아들이기 시작했지. 다음 장에서는 학자들의 생각이 어떻게 바뀌어 가는지 차근차근 알아보기로 하자.

이 장에서 더 읽을거리

《블랙홀과 시간여행》 킵 손 지음, 박일호 옮김, 반니, 2016.
《블랙홀의 사생활》 마샤 바투시액 지음, 이충호 옮김, 지상의책, 2017.
《완벽한 이론: 일반상대성이론 100년사》 페드루 G. 페레이라 지음, 전대호 옮김, 까치, 2014.

7장

보이지 않지만 존재하는 것

중력에 의해 물질들이 모여들고 이들이 서로를 끌어당겨 수축하는 과정은 물리적으로 피할 수 없어 보이는 현상이야. 이미 오펜하이머와 스나이더가 입증했듯이 그 붕괴가 수축으로 이어지는 파국은 자명한 사실이었지. 그러나 현실 세계에서 별의 종국이 그렇게 이어져 기이한 존재가 될 것이라고 믿기는 쉽지 않았어. 슈바르츠실트에 의해 발견된 그 기묘한 곡면은 빛조차도 빠져나오는 것을 허용하지 않는 상식적으로 이해하기 힘든 그런 것이었단다. 비록 이를 슈바르츠실트의 특이점이라고 불렀지만 그 개념은 너무나 추상적이었기에 제대로 받아들여지지 못했고 오펜하이머-스나이더의 연구 이후부터나 진지하게 인정받고 다루어지지 시작했지. 그제야 일반상대성이론의 전문가들은 이 별의 기묘한 파국을 인정할 수밖에 없었고 서서히 그 실체를 파악하게 된 거야. 따라서 오펜하이머-스나이더의 연구는 아마도 물리학계의 인식을 전환하게 되는 터닝포인트라고 부를 수 있겠지.

빛도 빠져나올 수 없는 기묘한 곡면이란 대체 무엇일까? 앞에서도 언급했듯이 이건 오늘날 블랙홀의 **사건의 지평선**(Event Horizon)*이라 불리는 2차원의 곡면이야. 5장에서 소개했던 슈

> 엄밀히 '사건의 지평면'이라고 부르기도 해. 3차원의 입체로는 구면에 해당하기 때문이지.

바르츠실트의 반지름이 바로 그것이지. 우리가 별을 볼 수 있는 것은 별에서 나온 빛이 우리 눈에 들어오기 때문인데, 빛조차도 빠져나올 수가 없다면 당연히 우리 눈에는 아무것도 보이지 않게 될 거야. 이 블랙홀이라는 용어를 널리 알린 사람은 이론물리학자인 존 아치볼드 휠러였어. 휠러는 아주 저명한 이론물리학자로서 앞에서 언급한 맨해튼 계획에도 참여를 했고 영화 〈인터스텔라〉로 유명한 킵 손의 스승이란다. 그는 블랙홀이란 이름 외에도 웜홀(Wormhole) 등의 이름을 만든 것으로도 유명해. 이렇게 전문적인 영역에서 나타나는 현상을 일반인도 쉽게 이해할 수 있도록 만드는 뛰어난 네이밍 센스는 본받을 만하지 않니?

빛이 퍼져 나가는 모습

자, 그러면 지금부터는 눈에 보이지 않는 실체인 **블랙홀** (Black Hole)에 대한 이야기를 좀 해 볼까? 블랙홀은 단어의 뜻 그대로 '검은 구멍'이라는 뜻이야. 검기 때문에 우리 눈에 보이지 않는다는 의미가 담겨 있는 이름이지. 여러 번 언급했는데, 우리가 무엇인가를 볼 수 있다는 것은 무슨 의미라고? 그래, 빛을 관측하는 것이 가능하다는 뜻이야. 관찰하려는 물체가 직접 빛을 내든지, 아니면 다른 곳에서 나오는 빛을 반사하든지 해서 빛이 우리 눈을 통해 들어오고 그것을 인지하게 되는 것이지. 블랙홀을 향해 출발한 우주선을 우리가 관찰하고 있다고 가정해 보자. 우주선이 우리와 멀어지면서 블랙홀을 향해 날아가고 마침내 우주선이 블랙홀의 사건의 지평선에 도달하게 되면 우주선은 어느 순간 갑자기 우리 눈에서 사라진 것으로 보일 거야. 단순히 우주선이 멀리 날아가서 시야에서 멀어지는 것이 아니라 어느 순간 '짠!' 하고 사라진다는 의미야. 마치 〈스타워즈〉 같은 우주를 배경으로 하는 영화에서 워프 이동을 하는 것처럼 순식간에 없어진다는 뜻이지. 왜 이런 일이 나타나게 될까? 여기까지의 내용을 이해했다면 쉽게 답을 낼 수 있겠지? 그래. 그것은 바로 우주선에서 출발한 빛이 우리 눈에 도달하지 못하기 때문이야.

학교에서 배운 내용을 도서관에 가서 복습하려고 스탠드를 켰다고 생각해 보자. 엉? 또 공부만 하니까 지겨워 죽겠다고? 알았어. 그럼 잠시 머리를 식힐 겸 컴퓨터 게임을 하러 방에 들어갔다고 하자. 컴퓨터 본체의 전원을 켜기 전에 먼저 방에 있는 형광등을 켰다고 생각해 볼까? 그때 형광등 빛은 사방으로 퍼져 나갈 거야. 실제로는 3차원 공간에서 구면의 형태로 퍼져 나가겠지만 이를 2차원 평면으로 범위를 축소해서 생각해 보면 마치 호수에 돌을 던졌을 때 수면 위의 물결이 퍼져 나가듯이 2차원 평면에서도 7-1 그림과 같이 시간에 따라 점점 큰 동심원

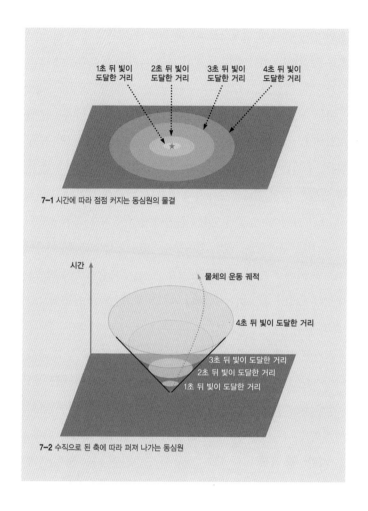

1초 뒤 빛이 도달한 거리
2초 뒤 빛이 도달한 거리
3초 뒤 빛이 도달한 거리
4초 뒤 빛이 도달한 거리

7-1 시간에 따라 점점 커지는 동심원의 물결

시간

물체의 운동 궤적

4초 뒤 빛이 도달한 거리

3초 뒤 빛이 도달한 거리
2초 뒤 빛이 도달한 거리
1초 뒤 빛이 도달한 거리

7-2 수직으로 된 축에 따라 퍼져 나가는 동심원

의 물결을 그리면서 퍼져 나갈 거야. 다음으로는 이제 각 시간
에 따른 동심원을 축 하나를 확장해서 다시 그려 볼까? 2차원

평면인 공간 축에 수직으로 된 축을 하나 세우고 이를 시간 축으로 생각하면 시간에 따라 빛이 퍼져 나가는 동심원은 7-2 그림과 같을 거야.

이는 전등이 켜진 시점부터 빛이 시공간을 퍼져 나가는 원뿔 모양의 빛 경로에 해당하지. 이를 **빛 원뿔**(Light Cone)이라 불러. 빛은 이 원뿔의 면을 따라 움직이는 것으로 생각할 수 있겠지. 빛 원뿔은 빛의 경로를 2차원 평면과 시간 축에 대응해서 편의상 그린 그림이야. 실제 3차원 공간에서는 부피가 점점 늘어나는 공처럼 구면으로 퍼져 나가겠지. 그리고 특수상대성이론에 의하면 물체는 빛의 속도를 초월할 수 없기 때문에 일반적으로 빛보다 느리게 운동하는 물체의 궤적은 이 빛 원뿔 안쪽에서 그려질 거야.

시간에 따른 공간상의 궤적을 **세계선**(World Line)이라고 불러. 만약 세계선이 빛 원뿔 표면에 그려진다면 그것을 **빛-꼴 곡선**(Light-Like Curve)이라 부르지. 이는 빛 속도로 움직이는 물체의 세계선을 나타내는 거야. 빛보다 느린 일반적인 물체의 세계선은 **시간-꼴 곡선**(Time-Like Curve)이라 부르며 이는 빛 원뿔 안쪽의 제한된 영역에서만 그려지지. 그리고 빛보다 빠른 물체가 있다면 그것은 빛 원뿔 바깥의 공간을 따라 그려질 것이고 이를 **공간-꼴 곡선**(Space-Like Curve)이라 불러. 민코프스키의 시공간(평평한 시공간)의 모든 점에는 7-3 그림처럼 빛 원뿔이 가상

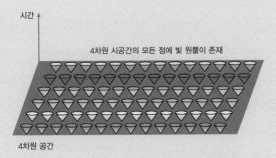

7-3 2차원 공간과 시간 축에 가상으로 묘사한 민코프스키 시공간에서의 빛 원뿔

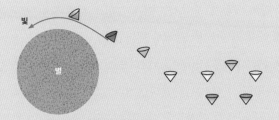

7-4 별이 있는 시공간에서 빛 원뿔의 기울어짐과 빛의 휘어진 경로

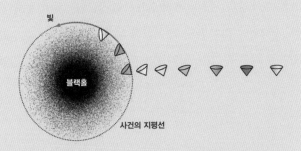

7-5 블랙홀의 사건의 지평선에서는 빛 원뿔이 기울어져 빛이 갇혀 빠져나올 수 없는 영역이 존재해.

으로 존재한다고 생각할 수 있어.

3차원 시공간에 존재하는 가상의 빛 원뿔은 시공간에서 빛이 진행하는 궤적을 명시하지. 그리고 빛보다 느린 물체의 운동 역시 결정해 주는 거야. 그렇다면 만약 이 시공간에 별과 같이 질량이 큰 물체가 놓여 있게 되면 빛 원뿔의 양상이 달라지겠지. 7-4 그림에서 보듯이 빛이 별에 가까워지면 별의 중력에 의해 시공간의 왜곡이 생기기 때문에 정상적으로 놓인 빛 원뿔의 기울기가 바뀌게 되는 거야. 반면, 별에서 멀어지면 별에 의한 중력의 영향도 작아지고 7-4 그림의 오른쪽에 있는 원뿔들과 같은 빛의 경로를 가지게 되는 거지. 여기에서 조금만 유추를 해 본다면 별의 질량이 극단적으로 커서 빛 원뿔의 기울어진 정도가 어떤 한계에 다다른다면 빛이 갇혀 나올 수 없는 지점이 존재할지 모른다고 생각할 수 있을 거야. 실제로 이게 가능하며 그 지점이 바로 블랙홀의 사건의 지평선에 해당해. 7-5 그림처럼 블랙홀의 사건의 지평선에서 빛 원뿔은 빛의 경로가 사건의 지평선에 갇히도록 누워 있게 되겠지. 따라서 자연스럽게 바깥으로 나올 수 있는 빛의 경로가 존재하지 않게 되는 거야.

팽이처럼 회전하는 블랙홀

빛 원뿔의 경로가 사건의 지평선 안에 갇히게 된 것은 블랙홀의 중력이 다른 별에 비해 비교할 수 없을 정도로 강력하기 때문이야. 그럼 이제 블랙홀에 왜 블랙홀이라는 이름이 붙게 됐는지 좀 더 쉽게 이해할 수 있겠지? 슈바르츠실트가 발견한 블랙홀의 해는 가장 간단한 가정인 정적(靜的)이고(시간에 따라 변하지 않으며) 구면 대칭성을 가진 회전하지 않는 경우의 블랙홀 해야. 그러나 실제 세계에서 일반적으로 회전하지 않는 것을 찾는 것은 쉽지 않단다. 회전하는 블랙홀 역시 존재하는가에 대한 답은 뉴질랜드의 수학자인 로이 커(Roy Patrick Kerr, 1934~)에 의해 제시되었어. 그는 1963년 회전하는 블랙홀의 해를 발견하였는데 이 커 블랙홀의 해는 다음과 같아.

$$g_{ab} = \begin{pmatrix} -(1-r_s r/\rho^2) & 0 & 0 & r_s r a \sin^2\theta/\rho^2 \\ 0 & \rho^2/\Delta & 0 & 0 \\ 0 & 0 & \rho^2 & 0 \\ r_s r a \sin^2\theta/\rho^2 & 0 & 0 & (r^2+a^2+r_s r a^2/\rho^2\sin^2\theta)\sin^2\theta \end{pmatrix}$$

여기에서 $\rho^2 = r^2 + a^2\cos^2\theta$, $\Delta = r^2 - r_s r + a^2$이며, $a = J/M$이 회전을 나타내는 양이야. J는 각운동량이며 M은 블랙홀의 질량이지. 꽤 복잡해 보이지만, 이 해를 이해하는 간단한 방법이

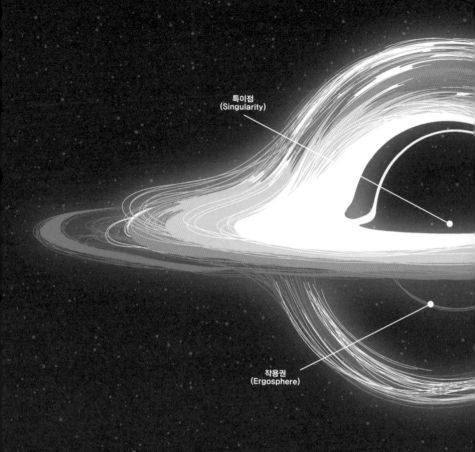

특이점
(Singularity)

작용권
(Ergosphere)

있어. 분명 회전하는 블랙홀이기 때문에 회전이 멈춘다면 우리
가 이미 확인한 슈바르츠실트의 블랙홀이 될 것임을 예측할 수
있을 거야. 회전을 나타내는 양인 α를 0으로($\alpha = 0$) 두면 위
의 계량은 5장에 소개된 슈바르츠실트의 계량과 동일하다는 것
을 쉽게 확인할 수 있단다. 어렵지 않아! 간단한 산수로 슈바르

사건의 지평선
(Event Horizon)

강착원반
(Accretion Disk)

7-6 회전하는 커 블랙홀의 구조

츠실트 블랙홀이 회전을 멈춘 커 블랙홀에서 얻어지는 것을 확인해 볼 수 있을 거야.

회전하는 블랙홀은 회전의 효과로 인해 슈바르츠실트 블랙홀과는 다른 사건의 지평선을 가지게 된단다. 즉 회전의 효과로 인해 사건의 지평선은 **내부 지평선**(Inner Horizon)과 **외부 지**

평선(Outer Horizon)으로 분리가 되며 외부 지평선에는 **작용권**(Ergosphere)이라 불리는 영역이 존재해. 이 작용권 역시 회전하는 블랙홀이 가지는 유일한 특징이며 작용권의 외부는 **정지한계**(Stationary Limit)라 불리지. 이 정지한계에서는 빛의 속도로 공간의 끌림이 일어나며 그 바깥은 '시간 꼴', 그 안쪽은 '공간 꼴'의 곡면을 가지는 공간이 되는 거야. 이는 작용권의 바깥은 광속보다 느리게 시공간의 끌림이 일어나며 안쪽은 그 반대가 가능하다는 의미야. 회전하는 블랙홀 주변의 시공간 자체가 끌리는 현상은 **틀 끌림**(Frame Dragging) 혹은 **렌스-터링**(Lense-Thirring) 효과라 불리지. 초콜릿을 녹인 끈적끈적한 액체를 주걱으로 휘저을 때 주걱 근처의 초콜릿 외에도 주변의 초콜릿이 따라 움직이는 효과를 상상하면 될 거야.

회전하는 블랙홀이 가지는 또 하나의 재미있는 성질이 있어. 1969년 영국의 수학자이자 이론물리학자인 로저 펜로즈 경(Sir Roger Penrose, 1931~)은 이 작용권 내에 물체가 들어가면 블랙홀로부터 에너지를 얻어 블랙홀에서 빠져나올 수 있는 현상이 가능하다고 이론적으로 예측했어. 뭔가 이상하지 않니? 분명히 블랙홀은 빛도 흡수할 정도로 강력한 중력을 갖고 있는데 거기서 빠져나올 수 있다고? 그런데 이렇게 이해하기 힘든 일이 실제로 가능할 수도 있어. 회전하는 블랙홀에서는 말이지. 이를 **펜로즈 과정**(Penrose Process)이라고 부르는데 실제로 회전하는

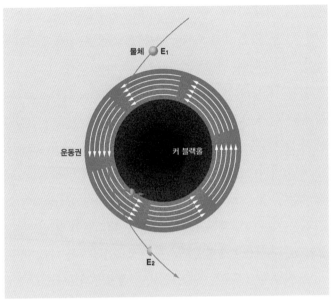

7-7 흡수만 한다고 들었던 블랙홀에서 무언가를 '얻어서' 사건의 지평선을 탈출할 수 있다는 게 신기하지 않니?

블랙홀에서 에너지를 추출하는 것이 가능하며 이 최대 한계는 블랙홀 질량의 29퍼센트임을 이론적으로 증명했어. 영화 〈인터스텔라〉의 후반부에서 주인공인 쿠퍼는 자신이 탄 우주선은 블랙홀로 빨려 들어가도록 하면서 브랜드 박사가 탄 우주선을 블랙홀 외부로 밀어내는 장면이 나오는데 이게 바로 블랙홀에서 에너지를 얻어 탈출하는 펜로즈 과정을 담고 있는 장면이란다. 혹시 궁금하면 영화를 다시 한 번 찾아서 보면 과학이론에 근거한 흥미로운 장면임을 이해할 수 있을 거야.

한편, 블랙홀은 회전 외에도 **전하**$^\bullet$를 가질 수 있음이 알려져 있어. 이를 대전된 블랙홀(Charged Black Hole) 혹은 그 해의 발견자의 이름을 따서 라이스너–노드스트룀(Reissner–Nordström) 블랙홀이라 부르지. 슈바르츠실트, 커 블랙홀과 달리 전하를 띤 이 블랙홀은 아인슈타인 방정식만의 **진공해**(Vacuum Solution)가 아닌 아인슈타인–맥스웰 방정식(Einstein–Maxwell Equation)의 해란다. 진공해란 4장의 아인슈타인 방정식에서 물질이 없는 경우($T_{ab}=0$)의 해이고, 아인슈타인–맥스웰 방정식은 물질항이 전자기학을 기술하는 맥스웰 방정식인 경우를 이야기하는 거야. 이렇게 블랙홀은 질량, 전하, 각운동량(회전)만으로 결정되고 그 이외의 물리량은 없다는 이론을 **털 없음 정리**(No-Hair Theorem)라 불러. '털'은 블랙홀을 구분하는 물리량을 비유적으로 일컫는 말로 오로지 질량, 전하, 각운동량의 세 가닥의 털만을 가질 수 있다고 알려져 있어.

● 전하(Electric Charge)는 전기적 성질을 나타내는 양으로 양전하와 음전하로 구분하지. 앞으로 나올 《전자기 쫌 아는 10대》에서 정확한 정보를 확인할 수 있을 거야.

블랙홀과 호킹 복사

7-8 스티븐 호킹 – 양자역학적 개념을 도입해 블랙홀이 흡수만 하는 게 아니라 방출하는 것도 있다고 주장하면서 새로운 개념을 발표했어.
[출처: 위키피디아]

지금까지는 고전적인 입장에서 블랙홀의 성질에 대해 이야기를 했어. 고전적인 입장이란 앞서 이야기한 빛이 우리 눈에 도달하지 못하게 되는 사건의 지평선이 존재한다는 점이지. 그러나 스티븐 호킹(Stephen W. Hawking, 1942~2018)은 여기에 양자역학적인 개념을 도입했어. 블랙홀 주변 입자의 운동에 대해 고민하던 호킹은 1973년경 놀라운 사실을 발견하게 돼. 양자역학적인 효과를 고려한다면 블랙홀은 입자를 빨아들이는 것만이 아니라 무언가를 방출할 수도 있다는 것이었지. 이건 방금 말한 펜로즈 과정보다도 훨씬 앞서 나간 개념인데 대체 이것이 어떻게 가능한 것일까?

사건의 지평선 근처에서는 중력이 매우 강하고 에너지도 높은 극한의 상황이 나타날 거라고 여겨지지. 이곳에서는 양자역학적인 효과에 의해서 끊임없이 입자들이 쌍생성–쌍소멸하게 될 거야. 양자역학에 의하면 불확정성의 원리가 허용하는 범위 내에서 입자들이 순간적으로 에너지를 빌려와 짧은 시간 동안 입자–반입자로 생성되어 존재하는 것이 가능하단다. 이때 생

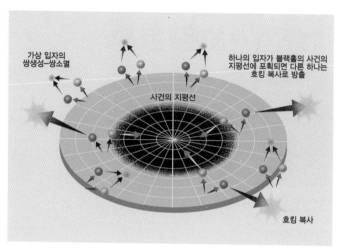

7-9 블랙홀 주변에서의 입자의 쌍생성-쌍소멸과 호킹 복사. 반입자 물질이 블랙홀 안으로 빨려 들지만 입자는 외부로 방출되는 모습을 보여 주지.

성된 입자 중 반입자만 블랙홀 안으로 빨려 들어가게 되고 나머지 입자는 외부로 방출되는 거야. 이렇게 방출되는 입자를 **호킹 복사**(Hawking Radiation)라고 부르지. 이는 블랙홀의 매우 기묘한 성질을 발견한 혁명적인 결과로 항상 검게만 보이던 블랙홀이 양자역학적인 관점에서는 더 이상 검지 않다는 것을 말해 주는 단서야. 따라서 블랙홀이 흡수하는 것보다 훨씬 많은 복사를 하게 된다면 —예를 들어 질량이 아주 작은 미니 블랙홀이 존재한다면— 블랙홀은 증발해 버릴 것이라는 것이 호킹의 예측이었어. 아직까지 이 호킹 복사가 실제로 존재하는지 아니면 이론적인 사유의 결과일 뿐인지는 실험이나 관측으로 입증 되지는 못하고 있지.

드디어 실현되는 블랙홀의 관측

지금까지 이야기한 것들은 이론적으로 예견되는 블랙홀의 성질들이야. 블랙홀의 존재가 이론적으로 예측된 이래로 과연 이것이 우주에 존재하는 실체인가에 대한 논란과 의구심은 최근까지도 지속되어 왔지. 그런데 블랙홀은 현재 관측을 통해서 은하의 중심부에도 존재한다는 것이 알려져 있어. 그것들을 **초대질량블랙홀**(Supermassive Black Hole)이라고 부르며 대략 태양 질량의 수억 배에서 수십억 배에 이른다고 추정돼. 반면 앞서 설명한 별의 진화과정에서 생겨나는 블랙홀은 **항성질량블랙홀**(Stellar Mass Black Hole)이라 불러. 이것은 초대질량블랙홀보다는 조금 더 작은데 대략 태양 질량의 수십 배에서 수백 배 정도인 녀석들이지. 아직까지는 블랙홀들이 어떻게 그렇게 큰 질량으로 존재할 수 있는가에 대해서는 정확하게 밝혀진 바가 없어. 항성질량블랙홀들이 포획되고 합쳐지는 과정을 통해 만들어진다는 가설이 있으나, 이 경우 두 블랙홀 사이의 질량인 태양 질량의 수천 배에서 수백만 배인 **중간질량블랙홀**(Intermediate Mass Black Hole)이 존재해야 하므로 확실하지 않아.

7-10 동반성으로부터 가스를 흡수해서 블랙홀 주변에 생기는 강착원반의 상상도. 블랙홀의 모습이 마치 강력한 청소기가 주변의 먼지를 빨아들이는 것처럼 보이지 않니? [출처: NASA/JPL]

이 중간질량블랙홀의 존재 자체에 대해서도 천문학의 오랜 논쟁거리이기 때문이지.

여러 번 이야기했지만 블랙홀은 강력한 중력이 작용하고 있어서 빛이 빠져나오지 못하고 스스로 빛을 내지도 않기 때문에 눈에 보이지 않는다고 했어. 따라서 블랙홀을 눈으로 관측할 수 없었는데 만약 블랙홀이 다른 별과 짝을 이루고 있다면 상황은 달라지지. 블랙홀이 동반성으로부터 가스를 흡수하게 되면 블랙홀 주변에 **강착원반**(Accretion Disk)이라는 게 만들어지는데, 강력한 중력에 의해서 블랙홀 주변으로 빨려 들어가는 별의 가스는 급격한 중력 변화에 의해 바로 인접한 영역에서의 극심한 원자들의 충돌로 엑스선(X-ray) 복사가 일어나게 될 거야. 이런 사실에 대한 고찰로부터 엑스선 관측을 통해 별과 동반 블랙홀을 관측할 수 있을 것이라 제안한 사람이 야코프 젤도비치(Yakov Zeldovich, 1914~1987)와 그의 제자 이고르 노비코프(Igor Novikov, 1935~)였어.

제2차 세계대전과 냉전을 거치면서 소련의 핵폭탄 제조를 감시하기 위해 개발된 고도화한 관측기술들은 이후 우주에서 오는 엑스선 전파원을 탐지하는 데 활용되기 시작했어. 그리고 1971년 최초의 엑스선 관측위성인 우후루(Uhuru)가 관측한 백조자리 X-1(Cygnus X-1)으로 명명된 이 전파원은 블랙홀일 가능성이 제기되었고 수십 년간 논란에 휩싸였단다. 스티븐 호킹과 킵 손도 이 백조자리 X-1이 블랙홀인지 아닌지로 내기를 걸었을 정도였어. 이 둘의 내기는 1990년대에 접어들면서 끝났는데 백조자리 X-1이 여러 관측을 통해 블랙홀을 동반한 엑스선을 방출하는 쌍성계임이 거의 확실하다는 게 증명되면서 호킹의 패배로 끝났지.

1970년대 이후 엑스선 관측으로 블랙홀 후보로 의심되는 엑스선 쌍성계가 수십 개나 발견되었어. 이론적으로만 믿어 왔던 블랙홀이라는 존재가 엑스선을 매개로 '나 여기 있어요~!' 하며 신호를 보내는 셈이었지. 그러나 물리학자들은 그것으로 만족할 수 없었단다. 블랙홀의 직접적인 증거를 보고 싶었던 거야. 물리학자들의 그 오랜 꿈은 2016년이나 되어서야 실현될 수 있었어. 바로 중력파를 발견하면서였지. 다음 장부터는 이 중력파의 개념을 설명하고 이것이 어떻게 우리에게 도움이 되는지 하나하나 알아가 보도록 하자.

이 장에서 더 읽을거리

《그림으로 보는 시간의 역사》 스티븐 호킹 지음, 김동광 옮김, 까치, 1998.
《블랙홀과 시간여행》 킵 손 지음, 박일호 옮김, 반니, 2016.
《블랙홀의 사생활》 마샤 바투시액 지음, 이충호 옮김, 지상의책, 2017.
《스티븐 호킹의 블랙홀》 스티븐 호킹 지음, 이종필 옮김, 동아시아, 2018.

8장

파도치는 그물망 - 중력파

We did it!

2016년 2월 11일 미국 워싱턴 D.C.의 언론기자클럽 기자회견장에는 수십여 명의 기자단이 모여 라이고(LIGO, Laser Interferometer Gravitational-Wave Observatory) 중력파 검출 프로젝트의 중대 발표를 기다리고 있었어. 언론과 SNS는 발표 몇 주 전부터 들썩거리고 있었단다. 얼마나 엄청난 발표일지를 두고 시끌시끌했는데 라이고가 중력파를 발견했을 것이라는 것부터 별것 아닌 헛바람이라는 추측까지 난무했었지. 이날 발표장에는 라이고 과학협력단의 대변인인 가브리엘라 곤잘레스 교수, 라이고 연구소 소장인 데이비드 라이체 교수, 그리고 라이고 프로젝트의 설립자인 킵 손 캘리포니아 공대 명예교수, 라이너 바이스 MIT 명예교수 등 관계자 수십여 명이 참석해 있었어. 발표시간이 되자 데이비드 라이체 교수는 짧고 인상적인 말로 수십 년을 이끌어 왔던 라이고 프로젝트의 최종 결실을 대변했어.

"우리는 중력파를 검출했습니다. 우리는 해냈습니다."

기자단과 참석자들의 우레와 같은 기립박수가 이어졌고 다음으로 가브리엘라 곤잘레스 대변인이 중력파의 발견 과정과 그

의미에 대한 설명을 이어 갔어. 100년 전 아인슈타인이 예견했던 중력파의 존재가 확실하게 입증되는 역사적 순간이었지.

2016년은 그야말로 학계에 역사적인 획을 긋는 한 해로 기억될 거야. 일반상대성이론이 예측해 온 마지막 퍼즐을 푼 해이자, 새로운 천문학과 물리학이 시작되는 해이니 말이야. 왜 그런지 한번 살펴볼까? 먼저 우주의 신비를 탐구한다는 인류에게 주어진 도구는 사실 빛 말고는 아무것도 없었단다. 빛을 이용해 천체를 관측하는 행위를 통해서만 탐구가 이루어졌어. 아주 오래전에는 맨눈으로 별을 보는 것이 전부였고, 이후 갈릴레이가 망원경을 도입한 이후 관측에 있어서 획기적인 발전을 이루었음에도 어디까지나 관측의 개념은 여전히 빛과 사람의 눈에 의존하는 것에서 벗어나지 못했지. 이후 파장대가 다른 전파, 자외선, 적외선, 엑스선, 감마선 등의 관측 수단을 동원했다고는 하지만 이것 역시 빛을 이용한 관측에 지나지 않아. 그만큼 빛을 떼어 놓고는 우리는 천문현상을 연구하는 데 한계를 지녀온 게 사실이지. 아주 최근에 **중성미자**(Neutrino)라는 입자를 우주에서부터 탐지하면서 관측을 위한 새로운 수단이 하나 생겼다고는 하지만 우주에서 이 입자를 뿜어내는 천문현상은 제한적이었기 때문에 그리 효과적이지 않았어. 따라서 중력이 변하는 흔들림을 이용할 수 있게 되었다는 것은 이제 새로운 관측 수단을 하나 더 갖게 되었다는 것을 의미해.

예를 들어 블랙홀처럼 빛을 흡수하거나 빛이 빠져나오지 못하는 영역, 또는 우주 생성 초기 빛이 생겨나기 이전의 시간에는 오로지 중력의 전파를 통해서만 그 정보들을 얻을 수 있을 것이라고 생각했거든. 빛을 이용해서는 도저히 알 수 없는 영역을 중력을 이용해 탐사하거나 빛과 중력을 함께 종합적으로 연구하면 놀라운 사실들을 더 많이 알아낼 수 있는 거야. 비유해서 한번 말해 볼게. 요즘 나오는 TV 중에는 인터넷 기능이 있는 스마트 TV라는 게 있어. 별도의 셋톱박스 없이도 인터넷 연결이 가능해서 여러 애플리케이션을 설치하여 TV 방송 외에도 다양한 콘텐츠를 즐길 수 있게 되었지. 스마트 TV가 등장해 선

8-1 2016년 2월 11일, 중력파를 검출했다는 소식을 알리는 데이비드 라이체 박사. 중력파의 발견은 몸을 열어 보지 않고도 몸속을 관찰할 수 있는 엑스선의 발견에 비유되는 등 경이적인 결과라고 할 수 있지. 그동안의 관측은 오직 빛에 의존해야만 가능했는데 이제부터는 새로운 무기가 하나 더 생겼다고 생각하면 돼.
[출처: NSF International 유튜브 채널]

택의 폭이 넓어졌다는 것을 알았을 때 받았던 충격은 어마어마 했지. 그렇다면 마찬가지로 중력파의 발견이 정말 놀라운 일이라는 게 좀 더 쉽게 다가오겠지? 자 그럼 대체 어떻게 중력파의 발견이 이루어졌는가를 한번 살펴볼까?

Wanted: 중력파

일반상대성이론을 세상에 내놓은 지 1년 후인 1916년, 아인슈타인은 중력이 어떻게 전달될까에 대한 의문을 가졌어. 아인슈타인은 평평한 시공간에 돌을 던졌을 때를 상상했고 이 개념을 수학을 이용해 표현했지. 아무것도 없는 시공간에 질량이 작은 무언가가 놓인 뒤 출렁임이 생긴다면 이는 곧 시공간의 흔들림으로 표현될 것이라 생각했고, 아인슈타인의 방정식을 통해 나타난 결과는 놀라웠어. 바로 중력의 변화인 시공간의 출렁임이 파동의 형태를 띠고 빛의 속도로 전달된다는 것을 보여주었기 때문이야. 그러나 그 흔들림의 크기가 너무도 작아서 실험을 통해 그것을 감지할 수 있을지 여부에 대해서는 회의적인 시각이 대부분이었단다.

그럼 어떤 방식으로 시공간의 출렁임을 측정할 수 있는지 알아보자. 보통 파동의 세기라는 것은 높이(파동의 진폭 크기)로 가늠하거든? 볼링공을 침대 매트리스 위에 떨어뜨리면 침대에 진동이 생긴다는 것을 예상할 수 있지? 그런데 그 진동의 크기는 아무리 커도 몇 밀리미터에서 몇 센티미터 내외에 불과할 거야. 물리학자들이 계산한 바에 의하면 태양 질량의 두 배가량 되는 중성자별 두 개가 약 5500만 광년 밖에서 충돌할 때 발생하는 중력파의 세기는 대략 10^{-21} 정도의 세기라고 해. 이 크기는 0.000000000000000000001에 해당할 정도로 작으니 우리는 도저히 느낄 수가 없겠지. 그냥 없다고 보아도 무방할 거야. 양성자의 반지름이 약 10^{-15}미터이고 지구 반지름이 약 10^6미터이니 지구 반지름 크기의 물체가 양성자 반지름만큼 떨리는 크기지. 실제로 이 크기는 양성자 반지름보다 백만 배나 작은 떨림에 해당하는 거야. 그런데 말이야, 거대한 별의 충돌로 생기는 중력파라는 건 우리가 상상할 수 없을 만큼 거대한 에너지를 우주에서 방출하면서 나타나는 과정이란다. 그런데 그렇게 거대한 에너지가 방출되더라도 지구에서 관측하기에 너무나 먼 곳에서 일어나고, 전 우주로 퍼져 나가기 때문에 실제로 우리가 느끼기에는 별것 아닌 것처럼 보이는 거지. 앞서 라이고 연구소에서 지구까지 전달된 중력파를 검출했다고 하는데 어느 누구도 몸으로 중력파를 느껴 본 사람은 없을 거야. 그도 그럴 것이 충돌한 두 블랙홀의 질량이 각각 태양의 서른 배와 서른여섯 배나 될 정도로 어마어마하지만 둘의 충돌은 지구에서 13억 광년 떨어진 곳에서 발생했기 때문에 중력파가 전달되어 오면서 세기가 많이 약해져 직접 느끼기는 거의 불가능했겠지?

앞에서 비유했던 시공간의 그물망 위에 놓인 거대한 물체가 갑자기 흔들리게 되면 그 운동의 여파가 그물망의 흔들림으로 나타나겠지. 그리고 그 흔들림은 그물망을 타고 사방으로 퍼져 나갈 거야. 만약 우리가 이 물체로부터 멀리 떨어져 있다면 그물망의 떨림은 매우 미미하게 느껴지겠지. 이처럼 질량을 가진 물체가 가속운동을 하게 될 때 변화하는 중력의 신호가 파동처럼 퍼져 나가는 것을 **중력파**(Gravitational-Wave)라 불러.

중력파를 처음으로 측정하고자 노력한 이는 1950년대에 미국의 메릴랜드 대학 교수였던 조지프 웨버(Joseph Weber, 1919~2000)였어. 그는 1959년부터 약 10여 년간을 자신의 실험실에서 '웨버 막대 검출기(Weber Bar Detector)', 속칭 웨버 바라고 불리는 중력파 검출 안테나를 네 대 만들어 중력파를 측정하려고 했지. 그리고 1969년 웨버는 자신이 만든 네 대의 검출기에서 포착된 신호가 중력파라고 발표를 했단다. 이 발표가 있은 후 전 세계 10여 곳 이상의 연구진들이 웨버의 결과를 검증하기 위해 중력파 막대 검출기를 제작했고 실험에 돌입했어. 그러나 얼마 지나지 않아 웨버의 관측 결과는 사실이 아님이 입증되었고, 중력파 검출은 하나의 해프닝으로 끝나고 말았지.

그러나 "중력파를 직접 검출하겠다"는 웨버의 모험과 도전은 큰 유산이 되어 이후 중력파 검출이라는 지상과제를 가진 프로

8-2 중력파 검출의 선구자인 조지프 웨버. 그의 관측은 비록 잘못된 것이었지만 아무도 시도하지 않았던 영역에 발을 들인 그의 노력은 존경받기에 충분하지. [출처: University of Maryland Libraries]

젝트들은 전 세계 물리학자들의 큰 야망이 되었어. 이후 연구진들은 웨버의 막대형 검출기를 업그레이드해서 웨버 바보다 천 배가량 성능을 향상시킨 고급 막대형 중력파 검출기를 전 세계에 다섯 대 배치했단다. 그러나 물리학자들의 수년간 지속된 실험에도 불구하고 중력파를 검출하지 못했어. 성능이 향상되었다고는 하지만 아주 먼 우주까지 관측하는 데 충분한 감도를 가지고 있지 못했기 때문이야.

이후에도 꾸준히 연구가 이어져 레이저 간섭계라는 기술을 이용해 새로운 방식의 중력파 검출기를 제안한 이가 있었는데, 미국 캘리포니아 공대 교수인 킵 손, 로널드 드레버(Ronaldo Drever, 1931~2017)와 MIT 교수인 라이너 바이스(Rainer Weiss, 1932~)였어. 이들은 미국 과학재단에 거대 관측시설을 건설할 것을 제안하였고 그 시설은 '라이고'라는 이름으로 2002년 완공되었지. 그리고 약 13년간의 노력이 이어진 끝에 중력파를 검출하는 데 성공한 거야.

그럼 대체 어떤 방식으로 레이저 간섭계가 중력파를 탐지할 수 있는지를 알아볼까? 레이저 간섭계는 파동의 **간섭**(Interference)이라는 현상을 이용하는 거야. 간섭이란 두 파동

8-3 라이고 중력파 관측소의 핸포드(좌)와 리빙스턴(우) 검출기. 길이가 약 4km인 진공 터널 두 개가 정확히 직각을 이루며 설치되어 있어. [출처: 라이고 과학협력단]

이 서로 마주 오며 만났을 때 일어나는 현상으로서 **보강간섭**(Constructive Interference)과 **상쇄간섭**(Destructive Interference)으로 구분되지. 8-4 그림에서 보듯이 두 파동의 산과 산이 만나고 골과 골이 만났을 때는 기존의 각각의 파동보다 더 높은 산과 깊은 골이 생기는데, 이를 보강간섭이라 불러. 반대로 두 파동의 산과 골이 만나게 되면 진폭이 사라지게 되는데 이를 상쇄간섭이라 부르지. 이 간섭 현상을 이용해서 중력파 측정 장치를 고안했는데 이것이 레이저 간섭계야.

레이저 간섭계는 중력파가 특별한 형태로 일으키는 시공간의 **진동**(Polarization)을 이용해. 중력파는 진행하는 방향에 수직

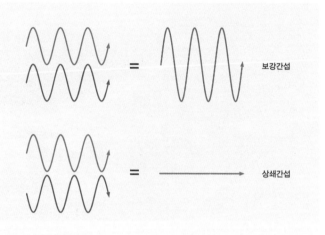

8-4 파도의 방향에 따라 바람이 불면 파도가 더 세지고 파도의 방향과 반대로 바람이 불면 파도가 약해지는 것처럼 파동 역시 비슷한 파동이 겹치면 더 세지고(보강) 정반대인 파동이 겹치면 약해지게(상쇄) 돼.

인 방향으로 두 개의 독립적 형태의 진동 모드를 가지고 있어. 이를 **십자진동**(Plus Polarization)과 **엑스자진동**(Cross Polarization) 이라 하지. 8-5 그림과 같이 십자진동은 상하 방향의 시공간 이 길어지면 반대로 좌우 방향의 시공간이 짧아지고 이 반대의 현상이 반복되는 거야. 이 십자진동을 45도 회전시킨 것을 엑스자진동이라고 하지. 이 진동에 착안하여 중력파 검출을 위한 레이저 간섭계를 설계하게 되었단다.

레이저 간섭계는 기본적으로 8-6 그림처럼 생겼어. 이 장치를 이용하면 레이저 빛을 쏘고 **빛 분배기**(Beam Splitter)를 이용

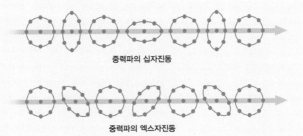

중력파의 십자진동

중력파의 엑스자진동

8-5 중력파의 두 종류 진동 모습

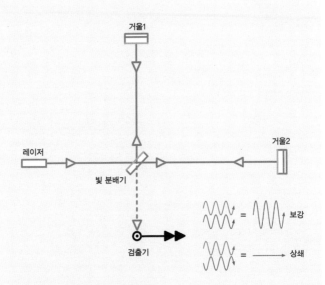

거울1

레이저

빛 분배기

거울2

검출기

= 보강

= 상쇄

8-6 레이저 간섭계의 구조와 검출 원리

8-7 블랙홀 쌍성의 충돌과 중력파 상상도 [출처: 라이고 과학협력단]

해 쏘아 놓은 레이저 빛을 절반씩 분리해 거울로 보낼 수 있어. 팔 길이가 동일한 양팔의 반대편에 놓인 거울에 도달한 빛은 반사되어 분리되었던 빛 분배기로 돌아오게 되지. 그리고 빛 분배기에서 다시 합쳐진 빛이 상쇄간섭이 일어나도록 조정을 해두는 거야. 만약 중력파가 간섭계로 들어오게 되면 두 팔 길이는 중력파에 의해 진동하게 되는데 한쪽 팔이 길어지면 다른 쪽 팔은 짧아지는 것처럼 반대로 진동하게 되는 거야. 이때 상쇄간섭이 일어나서 합쳐진 빛은 두 빛의 경로의 차이 때문에 보강간섭과 상쇄간섭을 반복하면서 반짝반짝 빛나게 되겠지. 이 반짝거림을 통해 중력파가 지나갔다는 것을 알 수 있게 되는 거야. 어때? 생각보다 훨씬 간단한 원리이지?

이 중력파 검출기는 지구에서 진동을 측정할 수 있는 가장 민감한 장치야. 실제로 첫 중력파를 발견한 신호의 경우 양성자 반지름의 100만 분의 1 정도의 미세한 진동을 측정한 것이었어. 현재까지 두 개의 미국의 라이고 중력파 관측소와 유럽의 비르고(VIRGO) 중력파 관측소는 제2차 가동을 마친 2017년까지 모두 열한 개의 중력파를 검출하는 데 성공했어. 이중 열 개는 블랙홀 두 개가 돌면서 충돌하는 과정에서 나온 것이었고, 한 개는 중성자별 두 개가 회전하며 충돌하는 과정에서 나온 것이었어.

이렇게 발견된 중력파는 '중력파가 존재한다는 아인슈타인의 예측을 입증한 것'을 넘어서는 새로운 사실을 많이 알려 주고 있단다. 그중 주목할 만한 성과로 학계의 논란거리였던 '블랙홀의 존재가 실제로 증명'된 것이 있지. 그것도 다른 관측으로는 한 번도 예측해 보지 못했던 태양 질량의 서른 배가 넘는 무거운 블랙홀이 있다는 사실까지 알아냈고 게다가 그 블랙홀이 쌍성으로 존재한다는 '블랙홀 쌍성' 역시 최초로 밝혀진 것이야. 더 놀라운 것은 그 두 개의 블랙홀이 서로 충돌하여 더욱 큰 질량을 가지는 역동적인 과정까지 포착한 것이지.

색다른 중력파

한편 또 다른 중력파 천체 중 하나인 중성자별은 충돌함과 동시에 중력파를 방출하고 이와 더불어 전자기파*를 방출하는 것으로 알려져 있어. 블랙홀과 달리 중성자별은 물질로 이루어져서 빛을 방출하는 천체란다. 이 현상을 실제로 관측해서 놀라운 사실을 입증했던 일도 있었어. 2017년 8월 17일에 바다뱀자리 근방의 NGC4993이라 불리는 타원은하 근처에 있고 지구로부터 약 1억 3000만 광년 떨어진 곳에서 두 개의 중성자별이

> 전자기파는 전자기 상호작용에 의해 전파되는 파동으로 가시광선, 전파, 적외선, 자외선, 엑스선, 감마선 등 진동수에 따른 스펙트럼을 가지고 있지.

충돌하여 발생한 중력파가 관측되었어. 당시 가동 중이던 두 대의 라이고와 한 대의 비르고 중력파 검출기가 이것을 포착했지. 그리고 페르미 우주 망원경과 인테그랄 우주 망원경이 같은 위치에서 정확히 1.7초 뒤에 감마선 폭발이 있었음을 포착했단다. 이 두 관측의 결과로 사건의 정확한 위치를 알아낸 연구진들은 이 정보를 아주 긴박하게 전 세계에 있는 광학천문대에 전달했어. 그로부터 약 열한 시간 뒤 은하 주변에서 없던 별이 갑자기 밝게 빛나는 현상이 각지의 천문대로부터 관측되었지. 이것은 **킬로노바**(Kilonova)라 불리는 현상으로 갑작스레 별이 밝아지는 신성보다 천 배쯤 밝다고 해서 붙여진 이름이야.

신성은 별의 에너지를 다 태우고 죽어 시들어 가던 백색왜성이 함께 공전하던 별로부터 물질을 공급받아 다시 활활 타오르며 밝아지는 별이야. 물론 공급된 에너지가 다 소진되고 나면 다시 이전의 어두운 백색왜성으로 돌아가겠지. 그 과정이 몇 번이고 반복될 수 있단다. 그런데 만약 그러한 에너지 공급으로 인해 폭주가 일어나서 생기는 갑작스러운 폭발이나, 중성자별이 생성되며 일어나는 폭발은 앞에서 설명한 초신성이라고 한단다. 두 가지 폭발은 생기는 원인이 확연히 다르지. 킬로노바 역시 그 발생 원인이 완전히 다른 거야. 킬로노바는 이렇게 중성자별의 충돌로 인해 생성된다는 것이 밝혀졌어. 그리고 이 모든 것을 밝힐 수 있었던 것은 중력파의 관측 덕분이었고.

8-8 중성자별 충돌의 상상도. 블랙홀끼리 충돌할 때와 달리 중성자별이 충돌할 때는 중력파와 함께 전자기파도 방출해. [출처: 라이고 과학협력단]

이후 가시광선의 관측과 더불어 적외선, 자외선 방출이 관측되었고, 9일 후에는 엑스선이 관측되었어. 그리고 약 16일 후의 전파 관측을 마지막으로 모든 파장대의 전자기파 관측이 종료되었지. 그야말로 중력파에서부터 모든 파장대의 전자기파가 연이어서 관측되는 놀라운 사건이었단다. 뷔페에 가면 온갖 종류의 음식들이 다 차려져 있어서 행복할 때가 있지 않니? 그것에 비유해 말하자면 우주에 중력파와 관련된 뷔페가 차려진 형태랄까?

이렇게 중력파의 관측을 통해 추가로 발생하는 전자기파를 후속해서 관측하는 것을 **다중신호 천문학**(Multi-Messenger Astronomy)이라 불러. 이번처럼 중력파와 더불어 전자기파도 관측됨으로써 다중신호 관측을 통한 중성자별의 충돌이라는 사건이 감마선 폭발과 킬로노바 현상의 원인이라는 것을 밝혀내는 등, 이전에 알지 못했던 여러 현상들을 확인할 수 있었지. 중력파 관측 덕분에 연관 짓기 어려운 사건을 해결한 셈이야.

이처럼 중성자가 풍부한 두 별의 충돌로 인해 우주에 금, 백금, 플루토늄 같은 원자번호가 크고 무거운 중원소(重元素)들이 만들어지는 메커니즘 또한 규명되었어. 실제로 천문학자들은 이 중성자별이 충돌한 뒤 지구 질량의 약 400배에 해당하는 양의 금이 우주에 뿌려졌을 것으로 추정했단다. 혹시 너희 지금 그 금을 캐 오면 큰 부자가 되겠단 생각을 하고 있는 거 아니니? 하지만 그런 일은 있을 수가 없어. 충돌이 일어난 곳이 지구에서 얼마나 떨어져 있는지 앞장으로 가서 다시 한 번 확인해 봐. 얼마나 떨어져 있다고? 그래, 1억 3000만 광년이야. 1억 3000만 광년. 빛의 속도로 1년도 아니고 1억 3000만 년을 가야 도착할 수 있어. 있을 수 없는 일을 바라는 것 대신 금, 백금과 같은 원소가 우주에서 어떻게 만들어지고, 어떻게 우리 지구에 존재할 수 있었는지를 밝혀내는 것이 더 가치 있는 일 아닐까?

이렇게 중력파를 관측함으로써, 그동안 알려지지 않았고 입증되지 못했던 새로운 과학적 사실들이 밝혀지고 있어. 이는 그동안의 광학과 전파 관측만으로는 절대로 확인할 수 없었던 새로운 사실이었지. 이제 우리는 중력파를 이용한 새로운 천문학의 시대가 성큼 다가왔음을 느끼고 있는 거야. 이는 마치 우리가 영화를 영상으로만 접하던 무성영화 시대에서 소리가 녹음되어 대사를 알아듣고 음악을 감상하며 다양한 상상을 하고 풍부한 감성을 느끼게 된 유성영화 시대로 옮겨간 것과 별반 다르지 않아. 전자기파 신호로만 관측하던 천문현상을 관측하는데 새로운 도구가 하나 더 생겨 이전의 기술로는 관측하지 못한 것을 하나둘씩 알아 가고 있는 거지.

라이고와 비르고는 2019년 4월 1일 제3차 관측을 시작했고 수십 개의 중력파원을 계속 발견하고 있어. 지금 이 책을 읽고 있는 와중에도 두 연구소는 돌아가고 있지. 첫 중력파의 관측 이후 지금은 그것이 점차 일상적인 일이 되어 가고 있으며 많은

GW170817

중성자별 쌍성 병합

70곳 이상의 천문대에서 관측된 전자기파 이벤트와 연관된 라이고/비르고의 중력파 검출

H L V

거리
1.3억 광년

관측 날짜
2017년 8월 17일

종류
중성자별 병합

12:41:04 UTC
중성자별 병합으로 발생한 중력파가 검출되었다.

중력파 신호
도시 정도의 크기를 가졌지만 질량은 최소 태양 정도인 두 개의 중성자별이 서로 충돌했다.

감마선 폭발
짧은 감마선 폭발은 병합 직후 발생하는 강력한 감마선 분출이다.

2초 후
감마선 폭발이 관측됨.

최초로 GW170817의 중력파를 이용해 우주 팽창율을 측정할 수 있다.

10시간 52분 후
바다뱀자리에 위치한 NGC 4993이라는 은하에서 새로운 밝은 가시광선 발생원이 관측됨.

중성자별 병합에서 발생한 중력파의 측정은 이 신비로운 대상의 구조를 알아내는 데 도움을 준다.

킬로노바
중성자가 풍부한 물질의 붕괴는 빛나는 킬로노바를 발생하고, 금과 백금 같은 중금속을 생성함.

11시간 36분 후
적외선 방출이 관측됨.

15시간 후
밝은 자외선 방출이 관측됨.

이번 다중신호 이벤트로 중성자별 충돌이 짧은 감마선 폭발을 일으킬 수 있다는 사실이 입증된다.

전파의 잔해
물질이 병합체로부터 멀어지면서 성간물질(별들 사이에 존재하는 미약한 물질들)에 충격파를 만들게 되는데, 이것은 몇 년 동안이나 방출 가능함.

9일 후
엑스선 방출이 관측됨.

킬로노바의 관측은 중성자별 병합이 우주에 존재하는 금과 같은 무거운 원소들의 대부분이 생성되는 원인임을 알려 준다.

16일 후
전파 방출이 관측됨.

동일한 이벤트에서 발생한 전자기파와 중력파의 검출은 중력파가 빛의 속도로 전파된다는 강력한 증거를 제공한다.

8–9 중성자별 충돌로 발생한 중력파(GW170817)의 관측 인포그래픽 [출처: 라이고 과학협력단]

데이터를 수합해서 이제 우주의 진화와 기원에 대해 새로운 사실을 밝혀내고 있는 중이지. 중력의 본질을 알아내는 데 중력파의 역할은 점차 중요해지고 있으며 '중력파 천문학'이 그 중심에 있는 거야. 마치 영화 〈인터스텔라〉에서 브랜드 박사가 탄 우주선이 에드먼드 행성까지 가기에는 연료가 부족하다는 것을 알자 착륙선에 탑승해 스스로를 분리하여 질량을 줄이고 블랙홀로 떨어지는 로봇 타스(TARS)의 선구자적인 모습처럼 중력파 천문학은 우주의 신비를 밝혀내는 첨병이 되고 있지. 새로운 시대가 중력파와 함께 열리는 중이야. 정말 흥미진진하지 않니?

이 장에서 더 읽을거리

《블랙홀과 시간여행》 킵 손 지음, 박일호 옮김, 반니, 2016.
《중력파, 아인슈타인의 마지막 선물》 오정근 지음, 동아시아, 2016.

9장

옳다는 증거들
VS
불완전한 증거

지금까지 이야기한 것을 종합해 보면 일반상대성이론은 뉴턴의 중력이론을 보완하는 완벽한 성벽을 구축한 것처럼 보여. 오늘날까지 발견된 수많은 증거가 그것을 입증해 주고 있지. 먼저 아인슈타인이 이론을 검증하는 데 첫 번째로 시험대에 올랐던 수성의 세차운동을 아인슈타인의 일반상대성이론이 완벽하게 설명한 것으로 얼마나 이론이 잘 정리되어 있는지 알 수 있었지. 이어서 거울이나 다른 도구를 갖다 대지 않는 이상 항상 직진만 한다는 생각이 상식인 상황에서, 빛도 휘어질 수 있다는 아인슈타인의 예측을 허무맹랑한 소리로 치부하지 않고 입증해 낸 에딩턴 경의 관측은 이미 오래전에 일반상대성이론이 더 이상 가설에 머무르지 않고 우리 세계를 정확하게 묘사하고 있다는 믿음을 주기 시작했어. 이렇게 아인슈타인의 일반상대성이론이 하나하나 천체의 운동을 입증해 나가면서 그의 이론이 어느 누구도 그 타당함을 의심할 수 없는 것처럼 보인 것이 사실이야. 그럼에도 불구하고, 일반상대성이론에 부합하지 않는 증거들이 근래에 들어 제기되기 시작했고, 이제 이것들은 일반상대성이론뿐만 아니라 이론물리학의 새로운 도전이 된 것이지. 그럼 지금부터는 일반상대성이론을 확고하게 만든 증거들과 반대의 입장에서 이론의 근간을 흔드는 증거들을 소개하려고 해. 그 둘을 명확히 알고 있어야 일반상대성이론 너머의 다른 이론들을 생각해 볼 수 있으니 같이 알아보자.

아인슈타인의 예측력은 우주 제일!

아인슈타인이 세상을 떠난 지 9년째 되는 해인 1964년, 미국의 천문학자인 어윈 샤피로(Irwin I. Shapiro, 1929~)는 지구의 전파 망원경에서 다른 행성을 향해 전파를 발사하여 전파가 다시 돌아오는 데까지 걸리는 시간을 재 보자고 제안했어. 샤피로는 지구에서 발사된 전파가 태양 주변을 지나갈 때 태양의 중력에 영향을 받아 휘어진 시공간 때문에 예상보다 이동 거리가 길어질 거라고 생각했거든. 상식적으로 생각해 보자. 잘 다니던 등굣길인데 어느 날 도로공사 때문에 통행이 제한돼서 돌아가야한다면 등교시간도 더 걸리잖아. 어쩌면 지각하지 않으려고 뛰어야 할지도 모르겠네. 하여튼 이렇게 평소보다 거리가 멀어지면 시간도 더 걸리겠지? 마찬가지로 샤피로는 전파 역시 지구로 돌아오는 데까지 걸리는 시간도 예상보다 길어질 것이라고 예측하고 이를 측정하자고 제안한 것이야. 실제로 2년이 지나지 않아 샤피로의 제안에 따라 미국의 헤이스타크 천문대에서 전파를 발사했고, 전파는 태양 주변을 지나 금성에 도달한 뒤 지구로 다시 돌아왔어. 이때까지 걸린 시간을 계산해 보니 정말로 태양 주변을 지나온 전파는 약 5000분의 1초 늦게 도착한 것이 확인되었지. 이는 질량이 큰 천체의 주변에서는 시공간이 휘어진다는 일반상대성이론이 옳다는 것을 입증한 또 하나의 증거가 되었어.

중력장에 의해 빛이 겪는 또 하나의 현상으로 **중력 적색편이**(Gravitational Red-Shift)라는 것이 있어. 일종의 빛의 **도플러 효과**(Doppler Effect)인데, 도플러 효과라는 것은 운동하는 상태에서 방출된 파동이 운동하는 상대적인 효과에 따라 파장이 길어지거나 짧아지는 현상을 말해. 사실 도플러 효과는 우리 주변에서 쉽게 관찰할 수 있는 현상이지. 예를 들어 저 멀리 구급차가 '삐뽀~ 삐뽀~' 하며 경적을 울리면서 다가오다가 우리를 지나

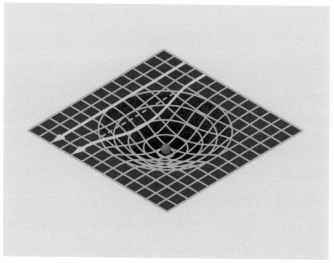

9-1 샤피로의 시간 지연. 그림처럼 중력장에 의해 시공간이 휘어지면 이동 거리가 늘어나 도달 시간도 길어지게 돼.

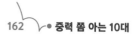

9-2 파동에 대한 도플러 효과. 똑같은 소리이지만 왼쪽에 있는 사람과 오른쪽에 있는 사람의 귀에 들리는 소리는 전혀 다르게 느껴져.

쳐서 점점 멀어지는 상황을 생각해 볼까? 구급차가 멀리서 다가올 때 높은 음의 소리가 다가오다가 구급차가 나를 지나쳐 멀어져 가면서 처음에 높은 음이었던 소리가 점점 낮은 음으로 들리는 것을 경험해 본 적이 있을 거야. 이는 파동이 다가오는 속도에 자동차의 속도가 더해져서 파동의 파장이 짧아졌다가 차가 멀어지게 되면 파동의 파장이 길어지면서 음의 높이가 높은 음에서 낮은 음으로 변하는 거야.

그런데 이 도플러 효과는 소리뿐만 아니라 빛에 대해서도 동일하게 적용할 수 있어. 빛의 성질을 스펙트럼에서 보면 파란 계열이 파장이 짧고 붉은 계열이 파장이 긴데, 다가오는 빛의 파장이 짧아진다면 파란색으로 보이게 될 것이고 반대로 길어진다면 빨간색으로 보이게 될 거야. 이렇게 파란색으로 전이되는 것을 **청색편이**(Blue-Shift), 빨간색으로 전이되는 것을 **적색편이**(Red-Shift)라고 부르지. 중력 적색편이란 무엇을 말하는 것일까? 그래, 빛이 강력한 중력을 가진 천체에서 빠져나오는 도중에 파장이 길어져서 적색편이가 관측되는 현상을 말해. 1959년 미국의 물리학자인 로버트 파운드(Robert Pound, 1919~2010)는 감마선(gamma-ray)의 주파수가 중력장에서 얼마나 변하는지를 측정했고 그 결과 중력 적색편이를 확인했단다.

빛처럼 빠른 중력파

앞서 이야기한 대로 일반상대성이론이 예측한 것은 중력파의 존재뿐 아니라 중력파의 전파 속도는 빛 속도와 동일하다는 것이었지. 오직 빛만이 가장 빠를 줄 알았는데 빛과 동일한 속도를 가진 무언가가 또 있다는 것은 그만큼 관측을 위한 장비가 하나 더 늘어난다는 의미여서 과학자들의 가슴은 설레지 않을 수 없었단다.

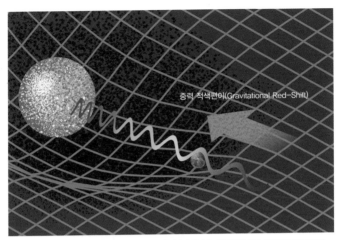

9-3 빛이 강력한 중력을 가진 천체에서 빠져나오면서 파장이 길어져 파란색에서 점점 빨간색으로 전이되지.

중력파를 만들어 낸 천체의 활동 중 2017년 8월 17일에 발견된 중성자별끼리의 충돌은 기존의 블랙홀끼리의 충돌과 달라서 매우 특별한 발견이라고 할 수 있어. 특히 전자기파의 속도와 비교되는 중력파의 전파 속도 역시 측정할 수 있었는데 오차 내 범위에서 놀랍도록 빛 속도와 같다는 것이었고, 이는 중력파가 빛 속도로 전파된다는 일반상대성이론이 옳다는 것을 다시 한 번 확인해 주는 발견이었어. 이처럼 꽤 많은 발견 덕분에 일반상대성이론이 여전히 타당하고 옳다는 지지를 받고 있어.

그런데 2019년 4월 11일 놀라운 뉴스가 하나 발표됐어. 아마

이 뉴스는 전 세계적으로도 큰 화제가 되어 모르는 친구들이 없을 것 같아. 바로 블랙홀의 모습을 최초로 촬영했다는 소식이었어. 이벤트 호라이즌 망원경 협력단(Event Horizon Telescope Collaboration)에서 발표한 소식은 M87 은하 중심의 초거대질량 블랙홀의 모습을 전 세계의 고성능 전파 망원경 네트워크를 이용해 촬영했다는 것이었어. 빛도 빠져나올 수 없어서 검다고 이름 붙인 이 블랙홀을 촬영했다는 것이 무슨 의미일까? 사실 정확히 표현하자면 블랙홀 자체를 찍은 게 아니야. 다만 블랙홀 주위의 물질이 블랙홀의 중력에 의해 중심부로 빨려 들어가며 형성되는 원반 형태의 구조로 강착원반이라는 게 있다고 말했지? 그것으로부터 방출되는 바로 바깥의 모습을 촬영한 거야. 그 모습을 찍었더니 그동안 이론으로만 예상되던 모습과 너무도 일치했던 거지.

이 사진은 전 세계에 또 한 번 흥분을 안겨다 주었어. 일반상대성이론이 예측한 블랙홀과 사건의 지평선의 존재를 보여 준 발견으로 기록되었단 말이야. 일반상대성이론은 이처럼 우리 주변의 별과 행성의 운동을 설명하는 데 놀랍도록 정밀하고 정교한 증거를 제시해 왔어. 이 책에서도 여러 번 아인슈타인이 옳았다는 점을 이야기해 왔는데 이번에도 '아인슈타인 1승 추가'라고 하면 너희들도 아인슈타인이 얼마나 위대한 과학자인지 좀 더 쉽게 이해할 수 있을 거야.

9-4 이벤트 호라이즌 망원경 협력단에서 공개한 M87 은하 중심의 초거대질량 블랙홀의 모습이야. 반지 모양으로 보이기도 하고 배고픈 사람은 이게 도넛으로 보일 수도 있겠지만 어느 쪽이든 예측으로만 그쳤던 블랙홀의 실체를 눈으로 확인할 수 있게 되었다는 점에서 인류의 기술이 더욱 진일보했다는 증거겠지.
[출처: 이벤트 호라이즌 망원경 협력단]

    그런데 모든 이론이 항상 옳기만 한 것은 아니잖아. 이 책의 초반에서 언급했던 뉴턴의 이론 역시 오랫동안 옳다고 생각됐지만 인류의 활동 영역이 지구에서 우주로 확대되면서 맞지 않는 부분이 발견됐고, 때문에 아인슈타인의 일반상대성이론이 뉴턴의 이론을 뛰어넘는 이론으로 급부상했다고 말했잖아. 이처럼 과학이 좀 더 발전하면 언젠가는 일반상대성이론을 뛰어넘는 새로운 이론이 등장할 수도 있겠지. 그래서 물리학자 중에는 일반상대성이론의 불완전함에 대해서도 의문을 제기하는 사람도 있어. 물론 밑도 끝도 없이 깎아내리기만 하는 아무말 대잔치 같은 그런 의문이 아니고 그 의문은 최근의 또 다른 발견에 근거한 것들과 이론적인 신념에 의한 것이야.

일반상대성이론은 중력이 비교적 약한 영역에서 통하는 이론이라고 알려져 있어. 따라서 중성자별이나 블랙홀처럼 '중력이 극단적으로 강한 영역에서의 물리학을 바로 설명할 수 있는가'라는 질문에 대해 이견이 존재하지. 그중 하나는 블랙홀에 관한 여전히 해결되지 않는 질문들일 거야. '그 거대한 질량을 가진 물질이 어떻게 한 점으로 수축할 수 있는가'라는 질문에서부터 '그 물질이 흡수한 정보들은 어디로 갔는가'라는 해결되지 않는 여러 의문이 남아 있지.

특이점의 세계

그 의문 중 대표적인 것으로 블랙홀이 가진 **특이점** 문제를 들 수 있어. 지금이야 인류는 달 이외에 다른 천체에는 발자국을 남기지 못했지만 미래에는 기술이 발달해서 블랙홀 근처까지 워프 이동을 할 수 있을지도 몰라. 그런데 어떤 여행자가 사건의 지평선 안으로 빨려 들어간다면, 그 여행자는 블랙홀 주변의 극단적으로 강해진 **조석력**(Tidal Force) 때문에 머리와 발끝에서 극심한 중력의 차이를 느끼게 될 거야. 그래서 마치 슬라임[*]이 늘어지듯 여행자의 몸도 빨려 들어가는 방향으로 길게 늘어나게 되겠지. 여행자가 특이점에 점점 가까이 다가감에 따라 늘어나는 정도는 점점 극심해질 것이고 마침내 분해되어 여행자의 몸은 산산조각 날 거야. 그러나 만약 만화 〈원피스〉의 주인공인 루피처럼 몸이 늘어나기만 해서 점점 특이점에 도달하게 된다면 마침내 여행자의 발끝 조석력은 무한대가 될 거야. 힘이 무한대가 되어 발산하게 된다는 것은 특이점에서 모든 물리법칙이 붕괴된다는 것을 말해. 그동안 통용되던 일반상대성이론이 더 이상 작동하지 않게 된다는 의미지. 이처럼 물

> ᰋᰋᰋ● 흔히 액체괴물, 플러버로도 부르는 하이드로겔 형태의 장난감이야.

리법칙이 적용되지 않는 특이점이 우주를 돌아다닌다는 것은 물리학자들을 몹시 불편하게 만들어. 왜냐하면 그런 특이점들은 점차 그 정보를 전(全) 공간이 공유하게 될 것이고 우주는 우리가 알고 있는 물리법칙이 동작하지 않는 영역으로 가득 차게 될 테니까. 따라서 물리학은 어쩌면 먼 미래에는 우리 우주에서 통용되지 못할 수도 있어. 이런 문제에 관심을 가진 사람이 앞에서도 언급한 영국의 수학자 로저 펜로즈 경이야. 1969년 그는 '특이점은 사건의 지평선 안에 가두어지도록 우주가 스스로 검열한다'는 가설을 제창하였는데 이를 **우주검열가설**(Cosmic Censorship Hypothesis)이라고 불러. 이 가설은 아직 증명되지 않았고, 또 다른 특이점의 문제를 명쾌하게 설명해 줄 다른 이론이 있는지도 역시 탐구의 대상이야.

이 책을 읽는 너희들은 모두 2000년 이후에 태어났을 거야. 요즘 말로 하면 "태어나 보니 21세기"라는 표현이 적당할까? 때문에 너희는 전혀 모르겠지만 1999년에서 2000년으로 바뀌었던 때를 밀레니엄 시대라고 해서 들뜨고 신나는 분위기가 이어졌던 적이 있지. 그렇게 2000년이 되자 세상을 놀랠 발견의 하나로 가장 먼 초신성을 관측하던 연구팀의 발표가 있었어. 6장에서도 말했듯이 초신성은 지구에서 보기에 외관상으로 나타나는 별의 밝기가 비정상적으로 밝아지는 것이 수일에서 수개월 동안 지속되는 현상이야. 육안으로도 관측할 수 있는 천문

9-3 블랙홀에 빠지면 어떤 일이 일어날까? 사람이 생존해 있다고 하더라도 머리와 발의 극심한 중력의 차이로 인해 점차 우리 몸이 늘어나고 산산조각 날 수도 있다.

현상이었기 때문에 중국이나 한국의 고대 문헌에서도 기록될 만큼 기이한 천문현상으로 취급되던 것이었지. 실제로 《조선왕조실록》 선조 37년 음력 9월 21일 기록에도 "객성이 나타났다"라는 기록이 있어. 폭발로부터 멀리 떨어진 지구에서는 같은 현상으로 보이겠지만 실제로는 각각 다른 것인데 이런 현상의 원인을 꼽으면 크게 두 가지가 있어. 하나는 중성자별이 생성되는 과정에서 생기는 폭발로, 다른 하나는 백색왜성과 그 동반성의 진화 과정에서 일어나는 거야. 후자인 경우 두 별 중 하나가 백색왜성으로 진화를 하여 생을 마치고 나면 나중에 다른 별도 그 수명을 다해 적색거성으로 진화하게 되고, 그때 부풀어 오른 적색거성에서 강한 중력장을 가진 백색왜성으로 에너지가 유입되지. 이때 모든 것을 다 태워 더 이상 태울 것이 없는 장작 같은 것으로 생각되던 백색왜성이 다시 에너지를 공급받아 불씨가 살아나게 되고 열 폭주가 일어나 초신성 폭발이 발생하게 되는 거야. 이 유형은 폭발의 최대 밝기가 거의 일정하여 태양보다 약 5억 배의 밝기가 유지된다고 해. 어마어마한 수준이지? 따라서 이 별을 관측하게 되면 폭발이 일어난 곳까지의 거리를 정확하게 잴 수 있는 **표준 촛불**(Standard Candle)*의 역할을 하게 되지.

점점 넌 멀어지나봐

이것과 관련된 연구 중 초신성 프로젝트는 우주에서 가장 멀리 떨어진 초신성들을 관측하고자 하는 프로젝트야. 그리고 우주가 팽창함에 따라서 이들도 얼마나 멀리 멀어지고 있는지를 측정했는데 그 결과는 놀랍게도 우리에게서 멀리 떨어져 있는 초신성일수록 멀어지는 정도가 점점 빨라진다는 거였어. 이는 우리 우주가 가속팽창을 하고 있다는 의미이자 동시에 그동안 팽창을 가속화하지만 아직 제대로 알지 못하는 무언가가 있다는 이야기였어. 우주가 가속팽창하고 있다는 발견은 그동안 우리가 믿어 오던 우주론을 송두리째 바꾸어 놓았는데 그중 하나는 우리가 우주의 대부분을 차지할 것이라고 믿어 오던 물질이 사실은 불과 5퍼센트 정도에 지나지 않고 나머지 95퍼센트는 각각 약 27퍼센트의 암흑물질과 68퍼센트의 정체조차 종잡을 수 없는 암흑에너지로 구성되어 있다는 것이었어.

우주 가속팽창을 일으키는 주범이 우주의 대부분을 차지하는

> 표준 촛불은 우주에서 거리를 재는 기준이 되며 우주거리 사다리(Cosmic Distance Ladder)라 불리기도 해. 별의 절대 광도를 알면 겉보기 밝기와 거리 사이의 관계를 통해 거리를 추정할 수 있지. 이렇게 잘 알려진 광도로는 세페이드 변광성이 있으며 이와 더불어 유형 1A의 초신성도 거리를 재는 역할을 할 수 있어. 최근에는 중력파도 역시 거리를 재는 수단으로 이용하기 시작했으며 이를 표준 사이렌(Standard Siren)이라고 부른단다.

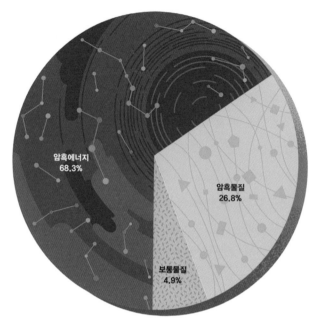

9-6 이 그래프는 우주를 구성하는 물질의 분포를 정리한 내역이야. 2013년 플랑크 위성이 관측한 결과로 우주 대부분은 정체를 모르는 물질로 구성되어 있다는 점을 알 수 있어. 이들의 정체는 대체 무엇일까?

암흑에너지라는 점이 지목된 이후 이를 해결하기 위한 노력이 지금도 지속되고 있지. 그런데 아인슈타인의 일반상대성이론 범주에서 이 문제를 명쾌하게 해결하는 것은 거의 불가능한 것처럼 보였기에, 많은 물리학자가 일반상대성이론의 수정된 모델들을 제안하고 있단다.

이렇게 오늘날 일반상대성이론은 여러 실험과 관측의 증거들로 우리의 우주를 기술하는 가장 정확한 이론임이 분명하지만, 또한 우주의 극한 상황에서 그 물리현상을 묘사할 수 없는 한계도 지니고 있어. 그렇기에 물리학자들은 일반상대성이론을 포함하는 좀 더 일반적인 이론을 찾고자 소망하는 것이란다. 너희들이 이 책은 물론 더 깊이 있는 책을 통해 우주의 신비를 밝히는 데 관심을 가져서 가까운 미래에 이 궁금증을 해결해 주었으면 좋겠어. 그 궁금증과 함께 마지막 장으로 가 보자.

이 장에서 더 읽을거리

《블랙홀과 시간여행》 킵 손 지음, 박일호 옮김, 반니, 2016.
《빛보다 느린 세상》 최강신 지음, 엠아이디, 2016.
《우주의 끝을 찾아서》 이강환 지음, 현암사, 2014.

10장

아인슈타인을
넘어서

두 이론이 손잡아야 하는 이유

지금까지 이야기한것처럼 일반상대성이론이 뉴턴의 한계를 극복한 놀라운 이론인 것은 사실이야. 시공간의 개념과 중력이 어떻게 동작하는지 이전과 다르면서도 논리적이고 멋들어지게 설명하고 있지. 이론이 발표된 이후부터 우리 주변의 물질, 별, 우주의 모습들이 어떻게 절묘하게 작동하고 있는지를 우리는 수십 년의 실험과 관측을 통해서 확인해 왔어. 하지만 우리가 인간인 것처럼 과학자들도 인간일 뿐 신이 아니듯이 어떤 이론도 완벽할 수 없었지. 날로 고도화된 관측과 추론은 일반상대성이론을 한계까지 몰아붙였어. 이어서 설명하겠지만 일반상대성이론이 태생적으로 가지고 있는 한계는 이미 양자역학의 태동기부터 예견된 것이었지. 그것은 간단히 말하면 이론이 더 이상 말해 줄 수 없는 시공간과 우주의 진화에 대한 심오한 본질에 대한 것이야. 현대 물리학의 양대 산맥을 이루는 일반상대성이론과 양자역학이론은 이론 자체의 성격뿐 아니라 이론이 발전되어 온 과정까지도 너무 달랐거든. 양자역학이론이 20세기 최고의 천재들이 모여 격렬한 토론과 협업을 통해 쌓아 올린 금자탑이라면 일반상대성이론은 아인슈타인이라는 개인의 노력으로 쌓아 올린 또 다른 금자탑이야. 양자역학은 미시세계의 물리학을 놀랍도록 정교하게 설명해 주고 있는 반면 일반상대성이론은 행성과 우주의 운동을 아름답게 설명해 주고 있어. 그러나 이렇게 다른 길을 걸어온 두 이론을 함께 고려해야 하는 상황도 있지. 예를 들어, 별이 진화하여 최종적으로 블랙홀이 된다고 하면 태양 질량의 수십 배에서 수백 배나 되는 물질이 하나의 점으로 수축이 될 거야. 그럼 어떻게 그렇게 큰 질량을 갖는 천체가 미시의 영역으로까지 압축이 될까? 그런 미시적인 영역에서는 분명히 양자역학이 큰 역할을 하게 될 거야. 그러나 일반상대성이론의 예측인 중력 붕괴의 과정은 양자역학적인 고려를 하고 있지 않은데 아직 그것을 올바로 기술하는 이론으로 알려진 것이 없기 때문이지. 그래서 실제로 이를 제대로 기술하는 방법이 있다면 블랙홀의 특이점이 어떻게 표현되는지의 실체를 밝혀낼 수 있으리라 기대하는 거야.

또 다른 예로는 우주 초기를 설명하는 현재의 빅뱅 우주론에서는 우주가 아주 작은 한 점으로부터 시작되었다고 추측하고 있어. 그러나 이 경우도 역시 그러한 작은 공간에서의 중력의 효과는 분명히 양자역학적인 효과가 함께 고려되어야 한다고 믿고 있지. 현재의 관측 결과인 우주의 가속팽창, 우주의 급팽창 시기(인플레이션) 등등 여러 가지 문제들은 일반상대성이론과 양자역학이론이 공존해야 하는 상황을 만들고 있는 거지. 이것이 바로 새로운 이론의 출현을 기대하게 만드는 점이야.

두 이론이 처음부터 조화롭고 아름답게 공존할 수는 없었을까? 자연은 오늘날 이 두 이론을 함께 이용해서 세상을 표현할 수 있도록 관용을 베풀지 않았던 것일까? 그만큼 20세기 물리학의 거대기둥인 두 이론은 역설적으로 서로 모순인 이론이었어. 그러자 이론물리학자들은 꿈을 꾸기 시작했지. 이 두 이론을 조화롭고 아름답게 포용할 수 있는 새로운 이론의 탄생 말이야. 아직은 그 실체가 무엇인지 가늠도 할 수 없는 이 하나의 유일한 이론에 **양자중력이론**(Quantum Gravity Theory)이라는 이름을 붙였단다.

양자화(Quantization)라는 것은 '띄엄띄엄' 혹은 '불연속적'이라는 의미야. 양자역학이 밝혀낸 사실은 미시세계의 구조가 불연속적 특성을 가진다는 점이지. 예를 들면 전자가 가질 수 있는 안정된 에너지 값이 모든 값이 아니라 특별한 성질을 만족하는 불연속값을 가질 수 있고, 그것을 우리는 **에너지 준위**(Energy Level)라고 불러.

이 양자적인 불연속의 특성은 자연계가 가진 불확정성에 기인하지. 즉, 물리량을 가질 수 있는 최소의 기본 단위가 존재해서 그 값을 기본으로 정수 배만큼 가질 수 있다는 것이고, 그 기본이 되는 상수를 플랑크 상수라고 불러. 전자의 운동량과 위치를 동시에 잴 수 없도록 하는 최소 단위는 플랑크 상수만큼의 불확정성이 존재하고, 전자가 가질 수 있는 에너지와 존재하는 시간 사이에도 역시 플랑크 상수만큼의 불확정성 한도에서 허용되지. 이를 표현한 게 6장에서 말한 **하이젠베르크의 불확정성의 원리**(Heisenberg's Uncertainty Principle)이고, 아래처럼 표현돼.

$$\Delta x \cdot \Delta p \geq \frac{\hbar}{2} \text{ 또는 } \Delta E \cdot \Delta t \geq \frac{\hbar}{2}$$

여기에서 x는 위치, p는 운동량, E는 에너지이고 t는 시간이야. 그리고 $\hbar$는 불변의 상수인 플랑크 상수이지. 하지만 이와 달리 일반상대성이론이 묘사하는 세계는 시공간의 연속된 **다양체**(Manifolds)로 표현되지. 쉽게 말하면 시공간은 매끄러워야 하고 특이점 같은 불연속적인 부분이 없어야 한다는 건데 이는 양자역학이 기술하는 세계와 완전히 모순된 수학적 구조이지. 블랙홀 내부의 특이점이 존재하지 않아야 하는 이유이기도 한데, 특이점에서는 일반상대성이론을 지탱하는 수학적 구조가 모두 붕괴되어 물리법칙을 논할 수 없게 되기 때문이지.

양자역학을 이끌었던 당대의 물리학자들은 양자역학의 성공을 기반으로 자연계의 기본적인 세 가지 힘을 전자기력과 약력, 강력이라는 하나의 표준모형으로 통일하는 데 성공했어.

그리고 그 성공에는 놀랍도록 정확하고 정교하게 새로운 입자의 존재를 예측했고, 실험을 통해 이를 발견하는 기적 같은 경험을 했지. 입자들이 이론 그대로 가속기 등에서 발견되는 일이 이어져 왔기 때문에, 양자중력이론은 이제 마지막으로 남은 힘인 중력조차 같은 방식으로 양자화시킬 수 있을 것이라는 믿음을 가지게 된 것도 무리는 아니었어. 우리도 항상 약속을 지키는 사람이 보이면 그 사람은 다음에도 약속을 지킬 거라고 예상하게 되잖아. 하지만 의외로 이런 방식의 접근은 여러 번의 실패로 이어졌고 결국 이전과는 다른 새로운 이론을 모색하기 시작했지. 1970년대 이후 과학자들은 **대통일이론**(Grand Unified Theory)이라는 대안을 찾기 시작했는데 그러한 시대적 배경에서 **초대칭**(Supersymmetry)**이론**, **초중력**(Supergravity)**이론** 등이 등장했지만 사실 이렇다 할 돌파구는 없어 보였지.

끊임없는 이론의 발전

사실 그보다 앞선 1960년대에 이미 새로운 아이디어들이 태동하기 시작했어. 물질의 질량이 한 점에 모여 있는 것으로 기술하는 예전의 관점 대신 물체의 점 질량이 그다음의 최소 차원인 일차원의 끈으로 되어 있다는 근본 가정을 바꿔 나타나기 시작한 거야. 1차원 끈의 진동으로부터 모든 입자의 운동이 만들어진다는 **끈이론**(String Theory)이 그것이었지. 생각만 해도 획기적 발상이었어. 점이 아닌 끈이 만물의 최소단위라니. 그리고 입자들이 만들어지는 것이 끈이 진동하는 형태에 따른 것이라니. 마치 우리가 피아노를 연주할 때 88개의 건반에 연결된 피아노 줄이 저마다 다른 진동모드를 가졌기 때문에 각각 다른 음을 내는 것처럼 줄이라는 것이 입자를 만들어 낸다는 생각. 물리학의 시적인, 음악적인 표현 아니었을까? 우주의 원리를 음악으로 표현한다는 상상까지 해 볼 수 있는 그런 종류의 미화 같은 것 말이야.

그런데 이 이론은 1960~70년대를 거치면서 여러 문제를 해결하며 진화하였고 양자중력이론이 될 수 있는 가장 강력한 후보 이론으로 떠오르긴 했어도 처음부터 그것을 목표로 해서 만들어진 것은 아니야. 그리고 중력과 양자이론이 자연스럽게 포함된 모습에서 물리학자들은 희망의 노래를 부르기 시작했지. 1980년대를 거치면서 끈이론은 두 번의 혁명기를 맞았고, 10차원에서 모순이 없는 다섯 가지의 끈이론이 발견되었어. 두 번째 끈이론 혁명기에서 이 다섯 가지의 끈이론은 끈이론이 사는 공간보다 한 차원 높은 11차원의 M-이론에서 파생된 다섯 가지의 다른 모습임이 밝혀지면서 절정에 달했지. 양자중력이론은 이제 명실공히 만물의 이론(Theory of Everything)으로의 완성을 목전에 두고 있는 것처럼 생각되었어. 물리학자들은 도취

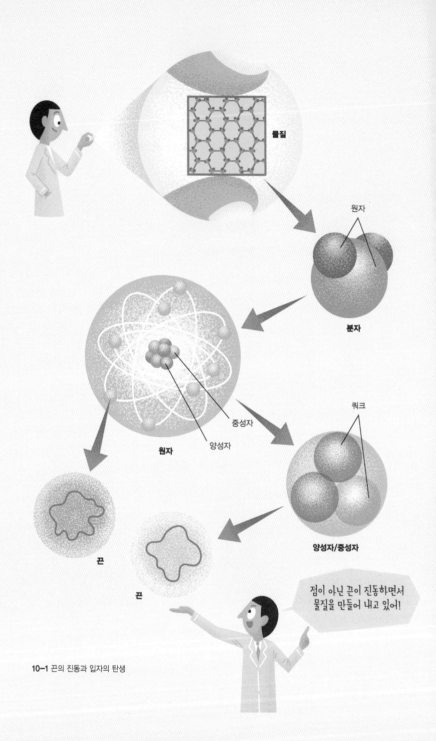

10-1 끈의 진동과 입자의 탄생

되었고, 이제 우주의 신비를 단숨에 풀어낼 날을 상상하기도 했지. 하지만 섣부른 설레발은 필패라고 했던가? 현재 끈이론은 많은 논란거리만 남겨 둔 채 특별한 진전이 없는 것처럼 보여. 끈이론을 비판할 때는 무엇보다 그 실험적 검증 가능성을 지적하곤 하지. 물질의 가장 작은 단위가 끈이라는 주장을 검증하기 위해 현존하는 가장 고에너지의 가속기를 사용해도 구현하기 쉽지 않아. 게다가 양자중력이론이 생산해 내는 무수히 많은 입자에서부터 무한에 가까운 수의 우주가 존재하고 이 다중우주에서 인류가 생겨날 수 있도록 특별한 조건으로 선택되었다는 **인류원리**(Anthrophic Principle)*까지 물리학이 과거에 믿고 있었던 신념에 돌을 던지는 논쟁거리를 제공하게 되었어. 일각에서 끈이론은 이제 어느 것도 입증하지 못했고 앞으로도 그럴 것이라는 회의적인 비판마저 하고 있지.

지금까지 이야기를 종합해 보면 일반상대성이론과 양자역학 이론의 공존은 그리 쉽지만은 않은 듯해. 새롭게 등장한 끈이론의 미래가 앞으로 어찌 될지는 모르지만 적어도 많은 물리학자는 양자중력이론의 등장을 통해 공존이라는 문제를 해결해

---

* 인류원리는 인간중심원리라고도 하는데, 어떤 물리적 사실이 인간의 존재로 인해서 설정되었다는 설명이야. 예를 들어 지구가 왜 태양에서 약 1억 5000만 킬로미터 떨어져 있을까라는 질문은 그보다 멀거나 가까우면 지구에 생명체가 탄생할 수 없었기 때문이라는 설명이지. 다소 과학적이지 않은 설명이라서 논란도 많아.

10-3 끈이론 발전에 지대한 공을 세운 에드워드 위튼(1951~)
[출처: 위키피디아]

주리라 믿고 있고, 끈이론 역시 이에 대한 답을 주어야 한다고 생각하지. 그러나 그렇지 못하다면 끈이론을 대체하는 새로운 무언가가 등장할 것이고 새롭게 등장했지만 지지를 얻지 못하고 사라져 간 다른 이론들처럼 끈이론도 역사의 뒤안길로 사라지게 될 거야.

물리학자들은 아직 양자중력이론이 무엇인지 제대로 알지 못해. 우주의 탄생을 비롯한 여러 의문을 해결해 줄 강력한 후보로서의 몇 가지 이론들을 탐구하고 있지만 어느 것도 확실한 대안이라고 말하기 어렵단다. 이게 바로 현재 이론물리학이 답보 상태에 머물러 있는 까닭이야. 지금 이 모든 것을 이해하기가 쉽지는 않겠지만 물리학자들은 이제 새로운 패러다임의 전환이 필요할 것이라 생각하고 있어. 그런데 이렇게 실체를 간파하지 못하는 양자중력이론이지만 물리학자들은 양자중력이론이든 다른 어떤 이론이든 지금까지의 어려움과 앞으로의 의문을 해결해 줄 만한 어떤 궁극의 이론이 있다면 우주의 기원에 대한 적어도 몇 가지 질문에 답을 할 수 있어야 한다는 신념과 믿음을 가지고 있어. 예를 들면 '왜 시공간은 하나의 시간과 세 개의 공간 차원으로 구성되어 있는가?', '시간은 왜 항상 미래라는 한 방향성만을 가지는가?', '왜 자연계에서 멀리 전파되는 힘은 전자기력과 중력뿐인가?', '블랙홀의 특이점은 정말로 존재하는가?' 같은 질문들이 그것이야. 현재 우리가 가지고 있는 입자물리학의 표준모형과 일반상대성이론, 심지어 한발 앞으로 나아갔다는 끈이론으로도 이러한 질문에 답을 하는 것은 어렵지. 따라서 미래에 양자중력이론을 발견하게 된다면 질문에 답을 얻게 될 것이라 기대하고 있는 거야. 앞으로 너희들이 이 세계에 뛰어든다면 우주의 신비를 밝혀낼 날이 머지않아 오게 되겠지? 어때, 생각만 해도 가슴이 두근거리지 않니?

이 장에서 더 읽을거리

《스트링 코스모스》 남순건 지음, 지호, 2007.
《아인슈타인을 넘어서》 미치오 가쿠 · 제니퍼 트레이너 지음, 박영재 옮김, 전파과학사, 1993.
《엘러건트 유니버스》 브라이언 그린 지음, 박병철 옮김, 승산, 2002.
《우주의 풍경》 레너드 서스킨드 지음, 김낙우 옮김, 사이언스북스, 2011.
《초끈이론의 진실》 피터 보이트 지음, 박병철 옮김, 승산, 2008.
《초끈이론: 아인슈타인의 꿈을 찾아서》 박재모 · 현승준 지음, 살림, 2004.

중력장을 빠져나오며

중력을 이용하는 법

지금까지 중력에 대해 알아봤어. 중력의 이론적인 원리와 그것이 어떻게 동작하는지 그리고 이것이 실제 우리의 삶과 우주에 어떤 영향을 미치고, 어떻게 관찰되고 있는지에 대해서 말이야. 그런데 중력은 우리와 친숙하고 우리를 지배하는 힘임에도 불구하고 우리가 중력에 대해 이해하는 바는 극히 일부에 지나지 않아. 그만큼 중력은 신비로운 힘이야. 전자기력과 비교해 볼까? 이 책 2장에서 언급했던 뉴턴의 밧줄처럼 전자기력 역시 거리의 제곱에 반비례해서 약해진다는 성질을 갖고 있어. 과학자들은 이러한 특성을 두고 **역제곱의 법칙**이라는 이름을 붙였지. 그런데 이렇게 닮은 전자기력과 중력이지만 동시에 아주 중요한 차이점도 있단다. 전자기력에는 '음의 전하'와 '양의 전하'가 존재하지. 전기의 중요한 성질이야. 그래서 같은 극성의 전하가 있으면 밀어내는 힘이 작용하고 서로 반대되는 극성의 전하는 끌어당기지. 자석을 갖고 실험해 보면 금방 이 현상을 확인할 수 있을 거야. 이 전자기력의 전하에 해당하는 양이 중력에서는 질량이야. 그런데 우리는 '음의 질량'이라는 말을 들어 보지 못했어. 신기한 개념이야. 헬스장에서 몸무게를 재려고 체중계 위에 올라갔더니 바늘이 시계 반대 방향으로 돌거나 몸무게가 음수로 나타난다고 생각해 봐. 이런 일은 우리의 일상 경험과 정면으로 배치되는 일이지? 즉, 우리 주변의 물질은 모두 양의 질량으로 구성되어 있어. 그리고 모두 같은 극성의 질량을 가지고 있는데 끌어당기는 인력이 되는 거지. 이 부분에서는 중력이 전자기력과 많이 다르지?

그런데 혹시 음의 질량이 현실에서도 가능하다면 어떤 일이 일어날까를 연구했던 사람이 있어. 헤르만 본디(Hermann Bondi, 1919~2005), 윌리엄 보너(William Bonner, 1920~2015), 로버트 포워드(Robert Foward, 1932~2002)는 일반상대성이론에서 음의 질량이 가능할 때 어떤 일이 생길까를 고민했었지. 이들에 의하면 음의 질량이 가능한 상황에서 두 질량이 모두 음의 질량이면 서로 반발하는 힘을 발생하게 되고, 둘 중 하나의 질량만 음일 때는 재미있는 현상이 생길 수 있음을 지적했어. 즉, 양의 질량은 끌어당기려는 성질인 반면 음의 질량은 밀어내려는 성질을 가지고 있기 때문에, 서로 반대되는 질량이 있는 경우에는 도망가는 양의 질량 물질을 음의 질량이 쫓아가는 상황이 생기는 거야. 이런 상황을 응용해서 로버트 포워드는 음의 에너지가 존재하는 게 가능하다면 이를 추진체로 이용할 수 있다는 제안을 하기도 했지. 영화 〈스타트렉〉 등에 등장하는 워프 드라이브(Warp Drive)가 바로 이런 개념인 거야. 물론 아직까지는 이론적인 추론일 뿐 현재 단계에서 실제로 가능하다고 보는 물리학자는 드물어. 먼저 음의 질량, 음의 에너지를 어떻게 만들어 내고 다룰 수 있는가도 중요한 문제이고, 일반상대성이론에서는 음의 질량을 가진 물질이 존재할 수 없다는 **양의 에너지(질량) 정리**가 있기 때문이야. 중력이라는 힘의 성질, 본질 등이 명확하게 이해되어야 하고 탐구되어야 하는 이유가 여기에 있어.

우리가 어떤 현상에 대해 이론적인 이해로 확고히 무장되어 있으면, 터무니없는 주장을 걸러 낼 수 있는 큰 무기를 갖고 있다고 말할 수 있어. 일례로, 요즘 '지구가 평평하다'는 것을 주장하는 사람들이 있어. 너희들도 자주 사용하는 유튜브에서도 어렵지 않게 그들의 주장을 찾을 수 있지. 정상적인 사람이라면 우리가 가진 경험으로 지구는 둥글다는 것을 알고 있고 그들의 주장에 반대할 거야. 하지만 누군가 우리의 경험과 관찰이 왜곡될 수 있다는 주장을 하면 어떻게 할래? 우리가 보는 게 사실은 빛의 왜곡에 의해 그렇게 보이고 느껴지는 것일 뿐 실제는 그렇지 않다고 주장한다면? 어떻게 대답해야 할지 몰라 난감하지? 그때 이론의 힘이 등장하는 거야.

그동안 우리는 일반상대성이론에서 예측한 결과에 대해 알아봤어. 일반상대성이론에 따르면 물질은 결국 한 점으로 수축할 것이라고 했는데 우리 우주의 별, 행성들이 생성되는 이유가 그런 중력의 효과라는 것이지. 중력에 의해 구형으로 뭉쳐 수축하는 성질을 가진 중력이론 때문인 셈이야. 평평한 지구를 가지고 싶다면 그렇게 생성되는 원리를 가진 중력이론이 필요한 거야. 하지만 우리는 일반상대성이론이 옳다는 이론적·실험적 증거를 많이 가지고 있고, 이것이 우리를 지배하는 이론임을 알고 있잖아. 이론으로 무장되어 있고, 그 동작원리를 이해한다는 것은 이렇게 중요해. '지구평평론자'가 되는 것을 막아주는 거지.

중력을 이해하고 우리의 삶에 활용한다는 것은 어떤 의미를 가질까? 중력이 작동되는 원리를 이해한다는 것은 그것이 밝혀져 응용되면 우리 삶에 영향을 미치는 문명으로 환원된다는 것을 의미해. 자동차 내비게이션에 탑재된 GPS는 일반상대성이론의 위치 보정 기능을 사용하고 있는데 중력에 대한 이해를 우리의 일상생활에 투영하고 있는 거의 유일한 예라고 할 수 있을 거야. 최근에는 지구의 중력을 측정함으로써 전 지구적인 활동을 관찰하고 기후나 기상 등의 활동에 활용하고자 하는 시도들도 있어. 미 항공우주국(NASA)과 독일 항공우주센터가 공동으로 운용 중인 그레이스(GRACE, Gravity Recovery and Climate Experiment) 프로젝트가 대표적인 예이지. 이 프로젝트는 두 대의 위성을 쏘아 올려 지구 주변을 돌게 하면서 지구의 지열, 해류, 자기장, 중력 등의 변화를 측정하고자 하는 것인데 이 과정을 통해 빙하, 탄소 배출, 오존층, 기후 변화 등을 위한 기초 연구 데이터를 축적하고 있어. 또 지진이 발생했을 때 일어나는 중력 변화를 미리 감지함으로써 지진 발생을 더욱 빠르게 알려 줘서 미리 대비할 수 있는 시간을 벌기 위한 연구들도 시작되고 있어. 이렇게 지구의 모든 활동은 질량을 가진 물체들의 활동이고 이는 필연적으로 지구의 중력을 매우 작게라도 변화시키지. 이것을 정밀하게 측정하는 장치는 개량에 개량을 거듭해서 오늘날에는 놀라울 정도로 정밀도를 향상시켰어. 그래서 그 중력을 측정하고 모니터링함으로써 기상, 기후, 지진활동, 화산 활동의 연구 등에 활용하려는 것이지.

지진을 예로 들어 볼게. 23명이 다치고 5367건의 재산 피해가 있었던 2016년 경주 지진은 규모 5.8로 대한민국 관측 역사상 가장 강력한 지진이야. 지진을 거의 겪어 보지 못해 대비가 제대로 되어 있지 않아 피해가 더 컸지. 그럼 지진 관측은 어떻게 할까? 지진이 일어나면 땅이 흔들리는데 땅에 용수철을 이용한 감지기를 두고 지진이 일어나 땅이 흔들리면 감지기도 흔

지진 관측소

지진 관측

지진 발생

P파 6~8km/s

S파 3~4km/s

들리는 것을 통해 관측할 수 있어. 지진파 중에는 P(Primary)파와 S(Secondary)파가 있는데 P파에 비해 S파는 지면에 상하진동을 일으켜 더 큰 피해를 일으키지. 그런데 P파의 전달 속도는 초속 약 8킬로미터이고 S파의 전달 속도는 초속 약 4킬로미터이기 때문에 지진 감지 시스템은 P파를 먼저 감지해서 우리에게 경고를 한 뒤 S파에 대비하도록 도와주는 거지. '지금 P파가 감지되었으니 곧 S파가 올 것입니다. 그 전에 미리 대비하세요' 같은 의미라고 생각하면 좋을 것 같아.

예를 들어 400킬로미터 떨어진 곳에서 지진이 발생하면 우리에게는 약 50초 뒤 P파가 도착하고 다시 50초가 지나면 S파가 도착하겠지. 두 번째 50초가 매우 중요한데 상하진동을 일으키는 S파가 오면 문이 뒤틀려 탈출하지 못할 수도 있으니 미리 문을 열어 두는 등 여러 대비를 해야 해. 아마 굉장히 바쁘고 촉박할 거야. 그런데 지진이 일어나면 중력에도 변화가 생기는데 9장에서 중력은 빛 속도로 전파된다고 했지? 그럼 400킬로미터 떨어진 곳에서 일어난 지진의 중력 변화를 측정하는 데 드는

조기경보 발령

이 그림처럼 기존의 P파보다 전파 속도가 훨씬 빠른 중력을 실제로 활용할 수 있다면 더 많은 생명과 재산을 보호할 수 있을 거야.

중력파 300000km/s

시간은 얼마나 될까? 그래, 불과 0.0013초밖에 되지 않아. 지진 발생 즉시 우리에게 신호가 온다고 해도 과언이 아니기 때문에 S파가 올 때까지 거의 100초를 확보해 둘 수 있다는 의미야. 지금의 두 배 가까운 여유를 확보할 수 있다는 점이 정말 대단하지 않니? 물론 지금까지 이야기한 것을 실현시키려면 넘어야 할 산이 많이 있지만 이러한 아이디어는 지진 경보 시스템의 패러다임을 바꿀 수 있을 거야.

중력에 대한 이해를 응용하여 삶에 직접적으로 활용하는 것은 중력이라는 힘의 본질에 대한 이해 없이는 요원한 일이야. 우리가 중력을 공부하는, 아니 해야 하는 이유기도 하지. 중력은 물질에 의해 변화하는 시공간 그 자체이기 때문에, 이를 이해하고 응용한다는 것은 시공간의 동작을 활용한다는 것으로 이해할 수 있어. 쉽게 말하면 시공간을 제어한다는 의미인데 지금은 말도 안 되는 이야기지. 마치 공간을 접어 달리고, 시간을 거슬러 여행하는 등 우리가 영화나 소설에서나 본 상상들 같은 거야. 하지만 물리학의 과거 역사를 돌이켜 보면, 아직은 모르지만 몰랐던 것을 알게 되고 그 본질적 원리를 터득하면서 우리는 꾸준히 활용법을 모색해 왔지. 그게 과학을 문명에 투영해 온 인류의 역사이기도 해.

결국 중력을 완벽히 이해하고자 하는 인간의 욕망은 자연의 본질과 우주의 기원을 탐구하고자 하는 지적 호기심의 충족을 넘어서는 꿈과 맞닿아 있어. 고대 사람들이 높은 산이나 언덕에 제단을 차려 신에게 제사 지내는 행위가 하늘의 신에게 가까이 다가가려는 모습에서 발현된 것처럼 중력에 대한 이해 역시 만물의 이론을 이해함으로써 신의 숨결을 느끼고자 하는 일종의 지적 호기심의 결과라고 생각해. 적어도 질량을 가진 물질로 구성된 우리 주변의 거시적인 삶에서는 양자중력이론이라는 것이 불필요하게 느껴지지. 뉴턴의 중력이론만으로도 충분히 우리 삶에는 지장이 없고, 일반상대성이론을 적용한다고 하더라도 이미 매우 정교한 수준으로 이해하고도 남지. 아니, 뉴턴의 중력이론도 필요 없다고? 아무리 그래도 물리시험은 봐야 하지 않을까? 중력이론을 넘어서는 일반상대성이론이 등장했다고 해서 없어진 건 아니니까. 다만 우리가 중력을 이해해야 하는 이유는 결국은 그 심오한 근본적 원리를 탐구함으로써 얻게 되는 무언가가 있기 때문일 거야. 그리고 당연히 그보다 선행되는 최우선의 이유가 있지. 뭘까? 바로 **'호기심'**이야!

중력이라는 힘의 근원이 무엇인지를 탐구하고 본질을 이해하는 것 너머에는 중력을 제어하고 활용하는 먼 미래의 문명을 상상해 볼 수 있지 않을까? 공학(Engineering)이라는 것에서 전자공학, 화학공학, 생명공학 같은 많은 과학적 발견이 응용되어 왔던 것처럼 말이야. 문제를 인식하고 늘 탐구하는 자세는 새로운 문명의 열매를 우리에게 안겨다 주었지. 그리고 보니 여기서 영화 〈인터스텔라〉에 나온 대사가 떠오르네.

"우리는 답을 찾을 것이다. 늘 그랬듯이."

어쩌면 우리가 모르는 우주에는 중력을 완벽하게 이해하는 어떤 외계 문명이 있지 않을까? 그곳에서는 우리가 듣지도 보지도 못한 중력공학이나 시공간공학이라는 용어가 자연스럽게 쓰이고 있을지도 모르지. 영화 〈가디언즈 오브 갤럭시〉의 워프 항법을 통한 먼 우주로의 여행이나 〈토르〉에 나온 시공간의 문을 열어 다른 차원에 있는 우주로의 여행, 〈어벤져스〉의 시공간을 접은 포탈의 존재 같은 것도 외계 문명의 입장에서는 어쩌면 일상적인 것일지 몰라. 이러한 것들을 실제로 접하는 날이 올 수 있다면? 정말 상상만으로도 흥분되지 않니? 자, 그럼 이제 모두 상상의 나래를 펴고, 그런 미래가 어서 오길 기대해 보자!

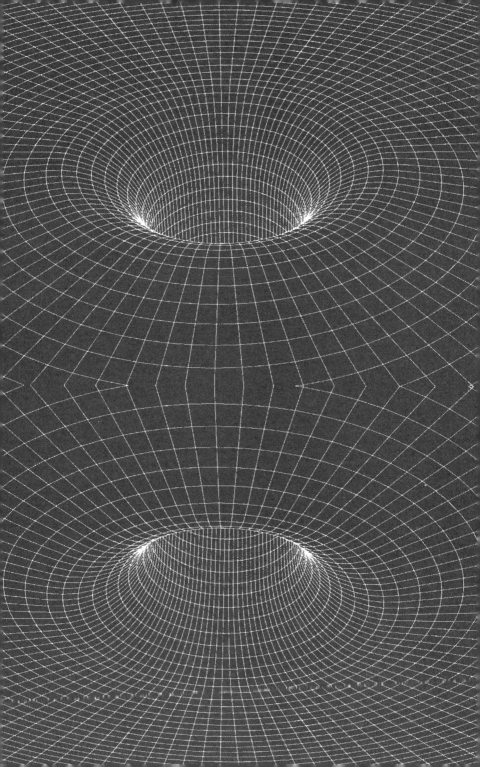

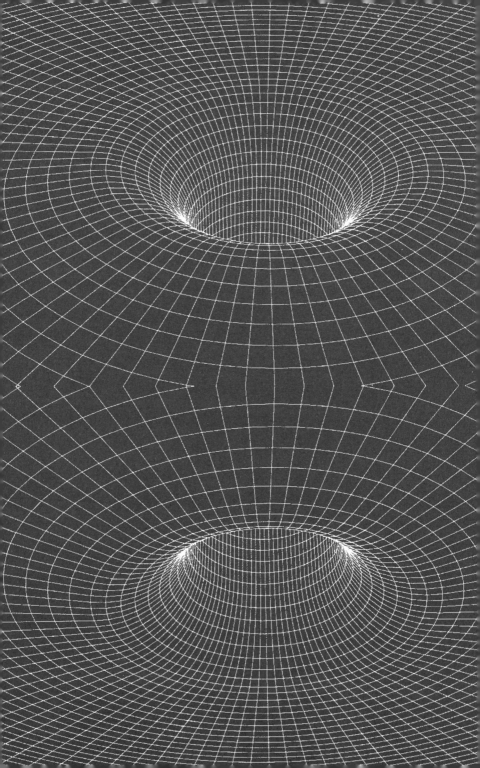